NEW SALAD CUISINE

法・義・中・日

異國沙拉料理教科書

瑞昇文化

法●義●中●日

異國沙拉料理

教科書

宴客料理・開店菜單最佳指南

CONTENTS
—目錄—

page 6

Les Sens

レ・サンス

店東兼主廚 **渡邊健善**

page 16

Ristorante Cascina Canamilla

カシーナ カナミッラ

料理長 **岡野健介**

page 26

四季旬菜　江南春

Konanshun

會長　王 世奇

page 48

京料理　Yu · Kurashina

Yu · Kurashina

店主　倉科守男・裕美子

page 58

御馳走塾 關所　天地之宿 奧之細道

Sekisho | Oku-no-hosomichi

四季之彩・旅籠 館主 大田忠道

〔閱讀本書前須知〕

- 1大匙＝15ml、1小匙＝5ml。
- EXV.橄欖油是指初榨特級冷壓橄欖油（Extra virgin olive oil）。
- 材料中標示酒時，是指清酒。
- 材料分量標示中的「適量」和「少量」，是指視材料的狀況和個人喜好，使用適當的分量。
- 料理名稱是依照各店的標示法刊載。

Les Sens

レ・サンス

店東兼主廚

渡邊健善

渡邊健善

Watanabe, Takeyoshi

1963年出生。18歲時踏上料理之路，在日本研修後，1989年赴法。先在法國三星級餐廳「Le Jardin des Sens」修業，後來陸續在Amphyclès（巴黎兩星級）、Michel Trama（波爾多三星級）、Jacque Maximan（尼斯兩星級）、Le Jardin des Sens（蒙貝利耶三星級）、Jacques Chibois（Hotel Royal Grey，坎城兩星級）修業。回國後，於1997年10月在神奈川縣橫濱市青葉區開設法國料理店「Les Sens」。2004年時成為法國起司評鑑騎士會的會員。

除了蔬菜色彩的魅力外，
還有香味的立體感、口感的變化等，
讓顧客感受多重的驚奇與喜悅！

從法國料理的角度來考量沙拉時，我會以開胃菜的印象來構思。沙拉的色彩華麗鮮豔，很適合作為套餐中最先上桌的料理。我在擺盤、造型的驚奇度、食用的趣味性等各方面都很講究，喜歡讓客人看到料理時就發出「哇！」的歡呼聲。沙拉料理有很大的發揮空間，我覺得讓顧客發出「哇！」的驚歎聲尤其重要。在沙拉中加入各種珍稀的蔬菜，也是基於這個原因。此外，我還會融入平時較難得吃到的食材，例如古斯古斯、紫米舒芙蕾等，來表現「節慶日」的法式料理風格。

Les Sens

地址 橫濱市青葉區新石川2-13-18

電話 045-903-0800

營業時間 11時～14時30分（14時點餐截止）、午茶時間14時30分～16時30分、晚餐時間17時30分～21時30分（21時點餐截止）

定休日 週一

香草和剛採新鮮蔬菜
配米舒芙蕾
香草油醋醬

作法→第98頁

在盛裝香草油醋醬的容器中，也插有新鮮香草。包括蒔蘿、迷迭香、義大利巴西里和百里香等香草。將這些香草撕碎撒在沙拉上，淋上香草油醋醬後再享用。沙拉中還加入口感有別於蔬菜，先蒸後壓成薄片，再乾燥油炸的紫米舒芙蕾，作為口感的重點特色。

香草油醋醬汁

作法→ P85

伊比利豬肉凍、醃菜和胡蘿蔔慕斯沙拉百匯

作法→第99頁

就像吃冰淇淋百匯般，可以從上面用蔬菜沾取胡蘿蔔慕斯享用，也可以取出伊比利豬肉凍，和香草一起食用，或者中途舀出玻璃杯底的醃菜來吃。玻璃杯從下到上，依序盛入胡蘿蔔、紅洋蔥醃菜、伊比利豬肉凍、胡蘿蔔慕斯、香草、紅菊苣和蒲公英嫩芽等。

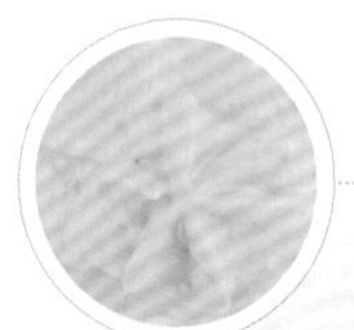

胡蘿蔔慕斯

作法→ P85

鹽漬鱈魚泥和烏賊白蘿蔔捲 烏賊墨醬汁

作法→第99頁

烏賊墨醬汁

作法→ P85

用削成薄片的白蘿蔔，包住已煮熟的馬鈴薯和鱈魚混合成的南法名產鹽漬鱈魚泥，製成麵捲風格的沙拉。佐配以烏賊墨汁、洋蔥和番茄煮成的美乃滋與鮮奶油混成的醬汁一起享用。此外，在烏賊墨醬汁中混入蛋白和麵粉製成麵皮，擀薄並烘烤後，將其絞碎撒在沙拉上作為重點特色。

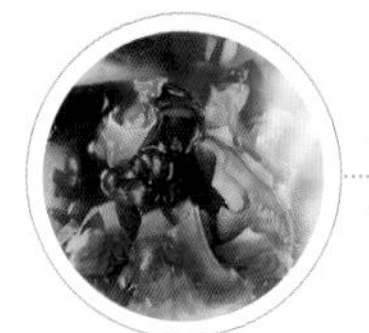

海藻油醋醬
作法→ P85

古斯古斯和文蛤的海藻油醋醬

作法→第100頁

又稱為小圓蛤的文蛤，以白葡萄酒、香草和水蒸煮。再佐配以蒸煮汁、浸泡海藻汁、檸檬汁及橄欖油製成海藻油醋醬。文蛤和切丁煮好的胡蘿蔔、馬鈴薯、古斯古斯、黑豆和橙色小扁豆混合。黑豆和古斯古斯很適合搭配海藻風味，也是這道沙拉的新發現。

蒜味辣醬汁
作法→ P86

烤黑胡椒麵皮包蔬菜蒜味辣醬汁

作法→第100頁

這是一道熱沙拉料理，用麵皮分別包住整個蔬菜後進行烘烤，食用時再沾取蒜醬製作的蒜味辣醬汁來享用。蒜味辣醬汁中加入紅椒糊來增添色彩，使用的蔬菜包括小洋蔥、蠶豆、芋頭和五月皇后馬鈴薯。包蔬菜的麵團中加了黑胡椒，因此蔬菜裡也增添了黑胡椒的風味。它也是一道適合搭配葡萄酒的沙拉料理。

野菜沙拉串

作法→第101頁

在炸過的義大利麵上，插上汆燙好的蔬菜，就完成這道野菜沙拉串。醬汁為橄欖醬。視覺上為呈現繽紛的色彩，組合了甜菜、黃番茄、羅馬花椰菜等蔬菜；口感上為增添變化，還加入一支菠菜馬鈴薯球。此外，還搭配迷迭香、蒔蘿、紫蘇花穗等，使料理也散發多種的香味。義大利麵是插在鹽的底座上，也可以沾鹽一起享用。

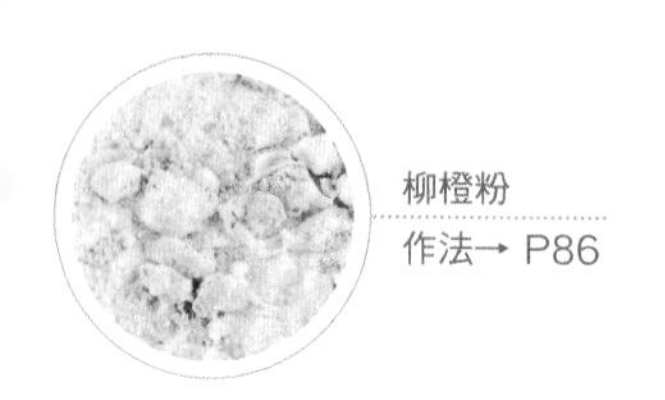

柳橙粉
作法→ P86

這是改變白蘆筍形狀和味道而完成的一道沙拉。容器的中央是白蘆筍泡沫慕斯，裡面有生海膽、蒔蘿和紅蓼。旁邊放著撒了柳橙粉，汆燙好的白蘆筍。蘆筍的水分融化了柳橙粉而形成的醬汁會裹在蘆筍上。可以用蘆筍沾取泡沫慕斯享用，也可以分別品嚐。

法國產白蘆筍泡沫慕斯 柳橙粉風味

作法→第101頁

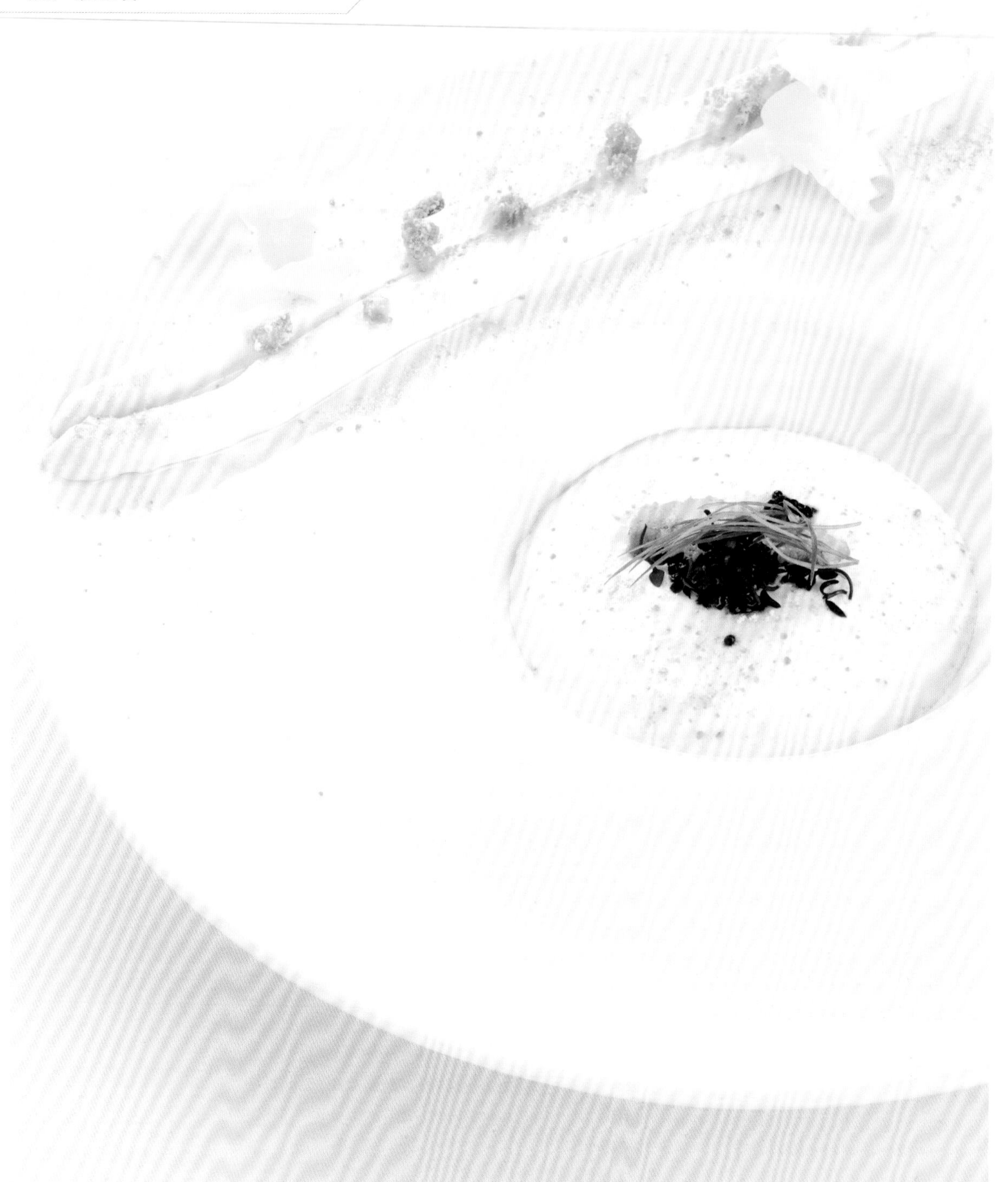

豆皮包燻雞
糖煮薑

作法→第102頁

豆皮中捲入了蒲公英嫩芽、紅菊苣、白蘿蔔和胡蘿蔔等新鮮蔬菜和燻雞肉，就完成這道手卷壽司風格的沙拉。根菜類切絲，方便和葉菜一起食用。在捲包能整合雞肉和生菜、具有醬汁功用的糖煮薑時，還加入了糖煮薑的煮汁和美乃滋混製成的生薑美乃滋。

蔬菜脆片和棉花糖

作法→ 第102頁

蓮藕、南瓜等切薄片，用沸水汆燙後再烤乾。高麗菜、紫色小松菜則直接烤乾。這些蔬菜和新鮮香草一起放在盛有棉花糖的盤子上，整體再撒上鹽、甜椒和粉紅胡椒即完成。這是能讓人享受到味道豐富變化的沙拉，在品嚐具濃郁蔬菜味的蔬菜脆片時，嘴裡除了鹹味外還能感受到棉花糖的甜味。

烤蔬菜和綠豌豆慕斯千層派

作法→第103頁

這是將奶油、橄欖油和麵粉混合後烤成薄酥片，再和烤蔬菜層疊成的沙拉料理。烤蔬菜包括新高麗菜、紅蔥、胡蘿蔔和甜菜。胡蘿蔔以外的蔬菜烤過後，用糖煮檸檬和橄欖油醃漬。胡蘿蔔是用小茴香和蜂蜜等煮過後再烘烤。醬汁以綠豌豆和鮮奶油混合製成。

綠豌豆慕斯
作法→ P86

Ristorante Cascina Canamilla

カシーナ カナミッラ

料理長

岡野健介

岡野健介

Okano, Kensuke

生於南美洲的委內瑞拉。在東京．三軒茶屋的人氣店「PePeRosso」開始學習義大利料理。之後遠赴義大利，在皮耶蒙提（Piemonte）州的杜林（Torino）星級餐廳「La Barrique」修業4年半的時間。研修到最後擔任該店的副主廚。回日本後，自2013年起擔任「Cascina Canamilla」的料理長。

在義大利料理傳統烹調法與觀點的基礎上，同時加入創新的擺盤法，完成義大利風格的蔬菜料理！

除了義大利料理的基本知識外，我也重視義式料理的觀點與烹調法，同時希望料理中能加入自己的特色。這次介紹的沙拉料理，我遵循義大利料理中常見的傳統素材組合法，並活用素材的特色。同時參考修業時當地的料理等。我會活用日本當令的季節食材，在擺盤上加入變化，以完成唯有義大利料理才能表現的新蔬食料理。

Ristorante Cascina Canamilla

地址	東京都目黒區青葉台1-23-3 青葉台東和ビル（building）2F
電話	03-3715-4040
營業時間	11時30分～14時點餐截止、 18時～21時30分點餐截止
定休日	週二、第3個週三的午餐

蛋黃醬汁
作法→ P86

綠蘆筍和帕瑪森起司

作法→第104頁

綠蘆筍的皮攪打成泥，靠近根部處切絲，其他的部分用沸水汆燙，一盤沙拉能享受三種口感。搭配和蘆筍極合味的蛋黃醬汁、帕瑪森起司泡沫慕斯以及恰達餅，來增添沙拉的香味和鹹味。為避免蘆筍變色，汆燙綠蘆筍時不加鹽。此外，用於蛋黃醬汁中的橄欖油，請選用香味較清淡的產品。

香煎白蘆筍和拉斯克拉起司松露芳香

作法→第105頁

白蘆筍和綠蘆筍一樣，也非常適合和蛋組合。為呈現白蘆筍的口感，採燜煎方式烹調。將皮耶蒙提產的拉斯克拉起司，如製作起司鍋般融入鮮奶油中，再加蛋黃製成醬汁。根據不同的生產者，起司的鹽分濃度也不同，烹調重點是用鮮奶油加以調整。最後加上松露。

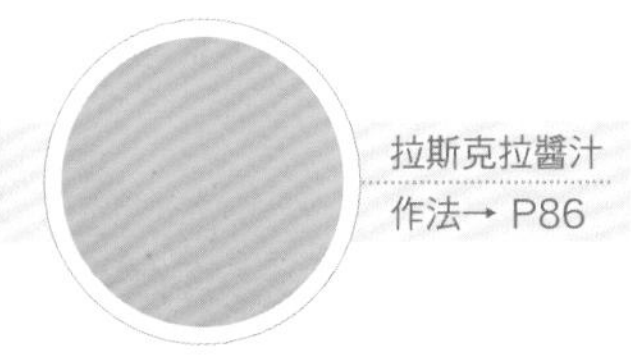

拉斯克拉醬汁
作法→ P86

茴香片和柳橙鹽漬真鯛

作法→第106頁

茴香（英名：Fennel），在日本是大家熟悉的中藥材。很多人並不喜歡它濃烈獨特的味道，但是和非常對味的柳橙組合，會變成容易讓人接受的甜香味。這道沙拉的構想就是組合柳橙和茴香，再加入白肉魚。以鹽和橄欖油調味，另外還撒上粉紅胡椒作為特色風味。

烤番茄　橄欖油風味
布瑞達起司　羅勒香味

作法→第106頁

這道沙拉是以番茄、莫札瑞拉和羅勒製作的義大利前菜卡普列茲沙拉構思而成。番茄採用肉厚、味甜又濃郁的小番茄，起司是主廚修業餐廳的醬汁中常用的布瑞達起司，此外還組合羅勒醬汁。小番茄以低溫慢慢地烘烤讓味道濃縮後再使用。若是使用大番茄，1個就能作為開胃菜。

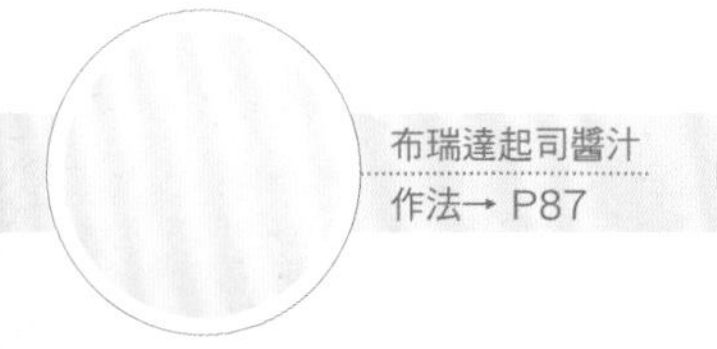

布瑞達起司醬汁
作法→ P87

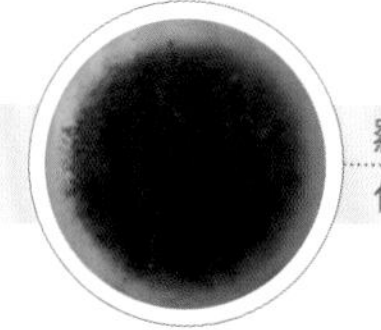

羅勒醬汁
作法→ P87

焗烤義大利節瓜和白醬 牛肝菌醬汁和土耳其細麵 迷迭香香味

作法→第107頁

牛肝菌醬汁
作法→ P87

這道使用蔬菜作為主菜的料理，也曾刊載在古義大利料理食譜書中。作法是將義大利節瓜縱剖一半，裡面挖空，填入濃縮的白醬，再撒上帕瑪森起司烘烤，之後淋上牛肝菌和肉高湯熬煮的濃郁醬汁。因牛肝菌和迷迭香很對味，因此還可加上用燜泡迷迭香的牛奶打發的奶泡。

柳橙醬汁
作法→ P87

柳橙、葡萄柚堅果沙拉

作法→第107頁

這是柑橘類水果和堅果、葉菜組合的沙拉。葉菜採用綜合蔬菜嫩葉，裡面混入法國產食用蒲公英葉，能呈現春天的氣息。堅果中還使用可可粒。利用能感受可可香味的食材，讓柑橘類的苦味和可可特有的香味完美組合。最後淋上柳橙中加水麥芽熬煮的醬汁來作為調味汁。

甜椒茄子派
番茄雪酪

作法→第108頁

這是使用夏季蔬菜製作的色彩繽紛的派。主廚修業的皮耶蒙提州的卡馬尼諾拉（Carmagnola），是知名的甜椒產地，當地有許多使用甜椒製作的料理。自古以來茄子和甜椒就是最佳組合。甜椒的甜味和取代醬汁的番茄雪酪一起品嚐，除了添加清爽的酸味外，也能突顯料理的風味。

蘋果和拉斯克拉起司沙拉

作法→第108頁

這道沙拉是以皮耶蒙提產濃郁的拉斯克拉起司和蘋果分別切丁，再排成四方形來擺盤，還撒上作為點綴的葡萄乾和和堅果。為了充分展現起司和蘋果原有的味道，不加醬汁，只是簡單地擠上檸檬汁，能享受到清爽的風味。起司換用皮耶蒙提產的熟成型托馬起司也很美味。

番紅花風味飯和蔬菜橄欖沙拉

作法→第109頁

在義大利有像燉飯般的米料理，不過根據米的特性，從前菜到甜點都能使用，是應用範圍極廣的食材。因此，主廚設計出這道以米為主的一口份量的沙拉。米加入番紅花蒸煮。再混入胡蘿蔔、橄欖等增添色彩。簡單地以鹽、檸檬、醋和橄欖油調味便能享用。

生甜蝦和鷹嘴豆奶油龍蒿芳香

作法→第109頁

龍蒿醬汁
作法→ P87

義大利料理中，豆類也是沙拉中常用的食材。而且，豆類常和蝦子組合。原本這個組合是作為義大利餃子的餡料，在這裡則作為沙拉。因為使用甜蝦，所以不用汆燙直接用生蝦組合。佐配和海鮮類極對味，略帶苦味的龍蒿醬汁，最後以萊姆粉增添清爽風味。

四季旬菜　江南春

Shikishunsai　Konanshun

會長

王世奇

王世奇

Wang Shiqi

1941年生。曾任大阪「新北京」的料理長10年，後任職於拉麵專賣店，於1996年在南京町開設「上海餃子」餐廳。該店主張：不沾醬料，直接享受水餃美味，一時蔚為話題成為受歡迎的名店。因招牌水餃至今已開發出60多種口味而自豪。

主廚

北本健一

1972年生。曾在餐廳及大型連鎖中華料理餐廳任職，2012年開始在該店擔任主廚。以多年的粵菜手藝為基礎，擅長烹調味道清爽、樸素的料理。

以中華料理技法為基本，活用當令時蔬的美味，不拘泥形式呈現多樣美味

沙拉符合本店使用當令食材的理念，是能廣泛表現的魅力料理。我擅長以中華料理的技法為基本，兼用西式調味料和擺盤，並採用珍稀的蔬菜，讓料理的外觀更賞心悅目。此外，本店活用各式各樣豐富的醬料（調味料），烹調出中華料理店才能展現的美味。我希望一盤料理中，能使用不同的調味汁和醬汁，讓顧客享受到多重豐富的美味。

四季旬菜　江南春

地址　神戶市中央區北長狹通2-8-6

電話　078-325-8725

營業時間　完全預約制

這是組合春季當令的海螺和茼蒿，充滿季節感的沙拉。在中華料理中，海螺大多和蔥、薑等辛香料組合，不過這裡搭配芥末籽美乃滋，轉變為西洋風味。翠綠茼蒿的香味也是重點特色。芥末籽美乃滋中加了無糖煉乳，更添濃郁與甘醇也是重點之一。

芥末籽美乃滋
作法→ P87

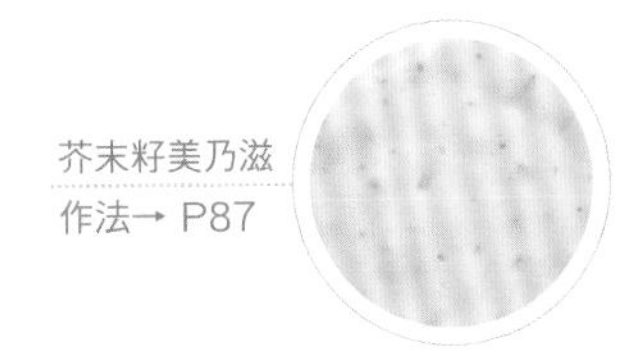

茼蒿海螺沙拉

作法→第111頁

白菜和酥炸白魚沙拉

作法→第111頁

濃縮甜味的當令黃芯白菜口感柔嫩，即使生吃也很美味。簡單地用鹽揉搓後，能帶出白菜原有的甜味。這道沙拉能同時嚐到炸至酥脆的白魚天婦羅令人愉悅的爽脆口感，及菠菜的新鮮香味，和白菜的甜味。也適合用香菜或鴨兒芹取代菠菜。

萬能醬油

作法→ P88

蝦油

作法→ P88

豆豉醬汁
作法→ P88

海扇貝 豆豉風味沙拉

作法→第112頁

這道沙拉是以中華料理的標準組合海扇貝與豆豉變化而成。海扇貝上淋的是豆豉醬，而蔬菜則淋豆豉醬汁，一盤可雙重品嚐到豆豉的香醇與風味。海扇貝和大蒜一起蒸過香味更濃郁。為充分展現海扇貝的口感，注意不可蒸過頭，烹調訣竅是利用餘溫讓它慢慢加熱。

海鮮沙拉　梅調味汁

作法→第112頁

這是道海鮮與蔬菜佐配酸甜醬汁，味道清爽的沙拉。考慮到讓客人吃到最後一口都美味，不只最後才淋上調味汁，盛盤過程中也一面澆淋，讓沙拉整體充分入味。此外，沙拉中除了使用章魚、烏賊、蝦子等海鮮外，使用海螺等貝類或鮭魚也很對味。

梅調味汁

作法→ P88

梅乃滋調味汁
作法→ P88

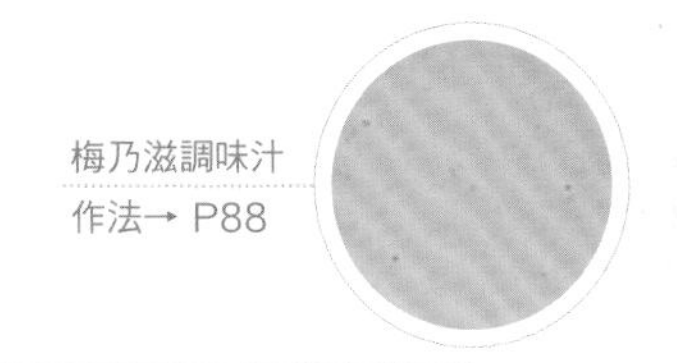

三種餃子沙拉

作法→第113頁

「江南春」餐廳的招牌水餃，也能和沙拉一起享用。佐配蔬菜的梅乃滋調味汁，是以清爽的梅子和圓潤的美乃滋酸味調合，成為清爽又溫潤的風味。佐配各種蔬菜內餡的3種水餃，享用時不沾任何醬料或調味汁，沙拉上則淋上梅乃滋調味汁。

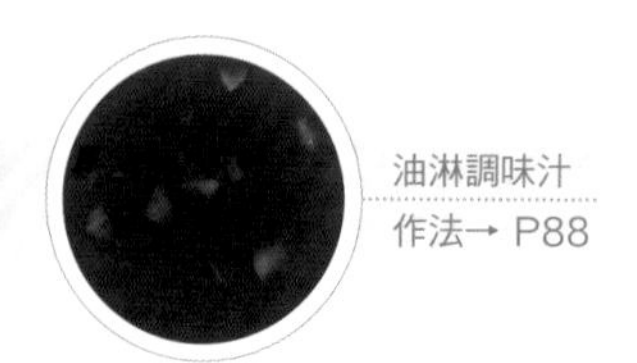

油淋調味汁

作法→ P88

豬腳綠花椰菜沙拉

作法→第113頁

這道沙拉的設計想法是為了讓客人享受豐盈的素材感，因此組合大小相當的豬腳和綠花椰菜。辣味和酸味完美平衡的油淋醬汁，很適合佐配具有分量感的肉類。容器中鋪在豬肉下的鮮麗紅芯白蘿蔔，更添料理的色彩。除了使用綠花椰菜這種蔬菜外，白花椰菜、紫花椰菜或小番茄等也很合味。

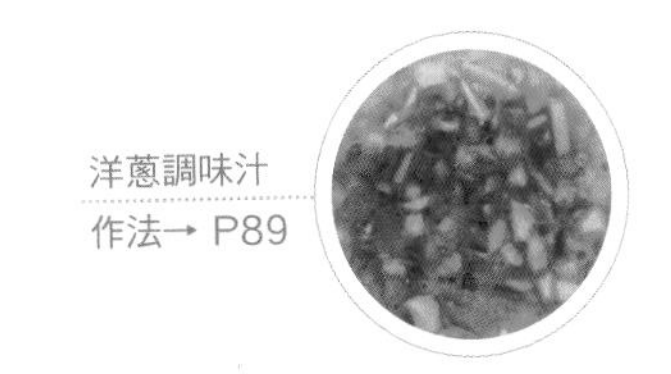

洋蔥調味汁
作法→ P89

蟹腳奶油醬汁和沙拉的洋蔥調味汁

作法→第114頁

蟹腳是佐配使用大量蟹黃製作，味道圓潤的奶油醬汁，讓人能充分品味螃蟹的風味。蔬菜則淋上活用洋蔥和蘋果甜味，味道清爽的洋蔥調味汁。配合不同的素材，分別準備醬汁和調味汁，一盤就能享受到兩種不同的風味。

炸醬麵香草沙拉

作法→第114頁

該店受歡迎的炸醬麵搭配上大量蔬菜，組合成這道沙拉風格的料理。炸醬麵醇厚濃郁的口味，製作重點是加入八丁味噌和蠔油。再加上切絲蔥白的爽脆口感、柚皮和香菜的清爽的香味，以及水嫩的綜合蔬菜嫩葉等，成為令人百吃不厭的美味。

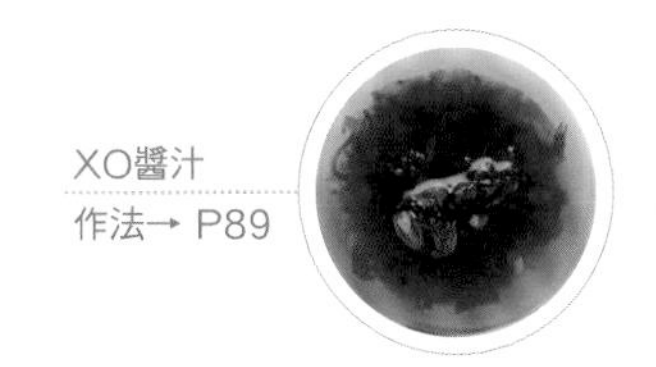

XO醬汁
作法→ P89

四季豆XO沙拉

作法→第115頁

在兼具爽脆與水嫩口感的水煮四季豆上，淋上具豪華鮮味的XO醬汁，這是「江南春」餐廳的招牌人氣料理。為增添色彩而加入的菊苣的苦味是料理的重點特色。它是簡單卻令人上癮的美味。四季豆以加油的沸水汆燙，完成後能呈現漂亮的光澤。不論是作為前菜或下酒菜都很適合。

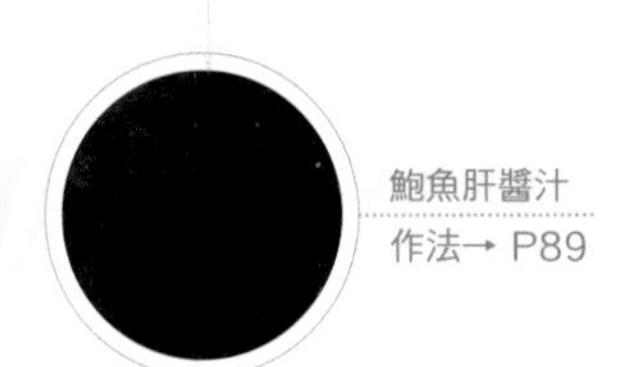

鮑魚肝醬汁

作法→ P89

中式鮑魚沙拉

作法→第115頁

這是一道能充分享受鮑魚風味的豪華料理。蒸鮑魚時要注意火候，蒸到鮑魚隆起，就淋上濃郁的中式醬油膏。搭配鮑魚的蔬菜，也淋上濃縮海鮮味的鮑魚肝醬汁。為了與肝香味保持平衡，適合使用有特色味道的蔬菜，例如這裡是用雪菜和芥末菜這兩種略帶苦味及香味的蔬菜。

牡蠣豆腐皮天婦羅沙拉

作法→第116頁

這是使用事先經過仔細處理，去除浮沫與腥味的牡蠣，再裹上切絲的豆腐皮油炸而成的獨創料理。能同時享受到酥脆的豆腐皮，以及多汁的牡蠣兩種對比的口感。豆腐皮是使用切絲的乾豆腐皮。將豆腐皮切成不同的寬度，口感更有變化。

嚼感Q脆的象拔蚌，放上蔥和生薑，再淋上熱騰騰的蔥油，更加突顯辛香料的香味。象拔蚌的鮮味與甜味，與辛香料的風味自然融為一體，美味得讓人停不了筷子。蔬菜上淋上辛辣酸甜的辣味調味汁也是料理的重點特色。

象拔蚌中式沙拉

作法→第116頁

美味菜、青江菜和烏賊沙拉

作法→第117頁

烏賊用芳香的生薑、蔥和花椒油調拌，青江菜以香濃味甜的甜味噌調味汁調拌，而美味菜則以富鮮味的XO醬混拌，三種食材三種美味濃縮在一盤裡。烏賊切花不僅醬汁容易入味，也會給人華麗的印象。

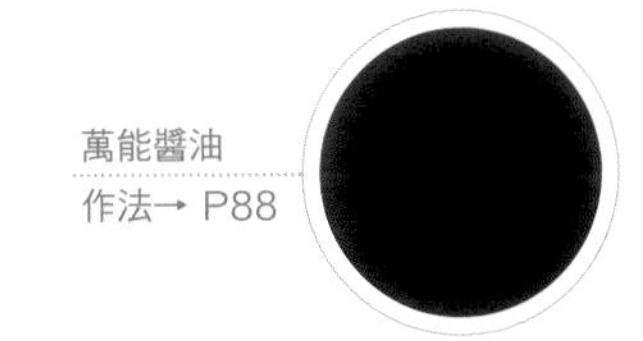
萬能醬油
作法→ P88

比目魚沙拉

作法→第117頁

在綜合蔬菜嫩葉、紅洋蔥沙拉上，撒上蒸比目魚肉，再放上蛋黃。吃的時候弄破蛋黃，淋上和蛋黃對味的優質萬能醬油，一面混合，一面享用。在大量的蔬菜上，混合清淡的比目魚、濃郁的蛋黃和萬能醬油的味道，形成新的美味。比目魚和辛香料一起清蒸，能去除魚腥味，而且風味更佳。

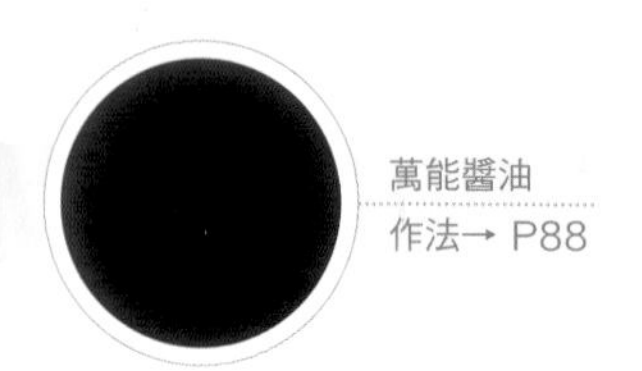

萬能醬油
作法→ P88

扁麵沙拉

作法→第118頁

雞肉先以加了花椒的鹽水醃漬入味，再水煮成滋味與風味兼具的白斬雞肉，是受歡迎的中華料理的前菜。這道料理以撕碎的白斬雞，與Q彈的扁麵和蔬菜一起混拌，是一道讓人飽足的獨創沙拉。扁麵事先淋上萬能醬油和蔥油調味，所以即使調拌蔬菜也不會變得太濕軟。

下仁田蔥沙拉

作法→第118頁

加熱後黏性與甜味俱增的下仁田蔥，即使生吃也很美味。一半新鮮的蔥直接切片具有辣味，另一半蔥燒烤後能濃縮甜味。一種食材能享受到兩種風味極富魅力。搭配蔥的蔬菜，只要是有香味的蔬菜都很對味。另外具特殊風味的魚醬則有調合整體風味的作用。

排骨沙拉　酒糟美乃滋

作法→第119頁

豬小排用加了大量辛香料的醃漬醬料醃漬後，經過燻烤，與豐富的蔬菜組盤後上菜。淋在蔬菜上的乳霜狀酒糟美乃滋中，組合了風味香醇的酒糟。其中加了少量的含糖煉乳調味。醃漬入味的帶骨小排，豪爽的大快朵頤是最佳享受法。

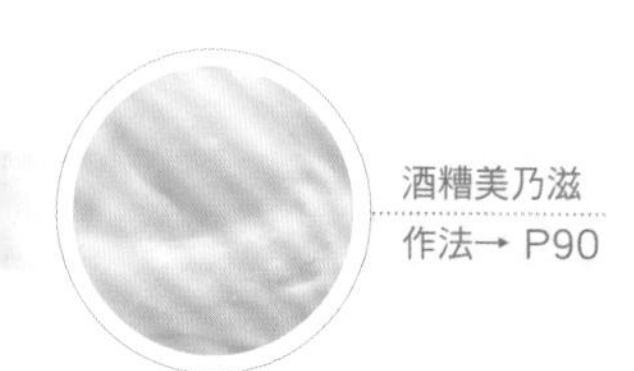

酒糟美乃滋
作法→ P90

棒棒雞調味汁
作法→ P90

燻雞和蒸茄　棒棒雞調味汁

作法→第119頁

這道適合夏天的簡單沙拉料理，以香味十足的燻雞為主，同時佐配茄子和秋葵等夏季蔬菜。搭配的調味汁，是和雞肉及茄子都合味的芝麻風味調味汁。建議燻雞最後塗上蜂蜜，這道程序除了讓它呈現誘人的光澤外，同時還能防止雞肉變乾，使風味更棒。

特製凱薩調味汁
作法→ P90

凱薩風味龍蝦

作法→第120頁

龍蝦和葉菜漂亮盛盤，佐配美乃滋為底料的特製凱薩調味汁享用，這是一道略微豪華的沙拉。凱薩調味汁是在美乃滋中，加入優格、蜂蜜和檸檬汁，更增清爽的酸味與濃郁美味。乳脂般的柔和風味，不論搭配蝦或蔬菜皆適宜。

這道料理原是使用生番茄的中國福建省料理，主廚在此改用番茄汁。使用帶頭蝦烹調，能充分帶出蝦殼和蝦膏的風味，還添加番茄汁的酸味。盛盤時，佐配油菜花和裝飾蛋白霜的新鮮竹筍，以表現初春的殘雪景致。蔬菜上淋上使用含桂花香的桂花陳酒製作的調味汁，使沙拉散發優雅溫和的風味。

番茄風味對蝦
賞雪宴風

作法→第120頁

桂花調味汁

作法→ P90

這是米飯、蔬菜、帝王蟹，佐配蔥薑醬料的沙拉蓋飯。蔥薑醬料是能搭配肉、海鮮等各式素材的萬能醬料，所以一次做多一點保存備用，需用時非常方便。蔥薑醬料和大量的配菜一起放在飯上，建議一面混拌，一面享用。醬料中加入八角、蔥和生薑等，辛香料的香味具有健胃的效果，還能刺激食欲。

帝王蟹沙拉丼　蔥薑醬料

作法→第121頁

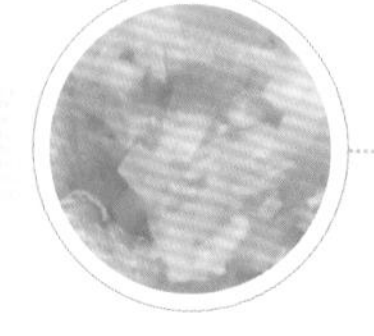

蔥薑醬料
作法→ P90

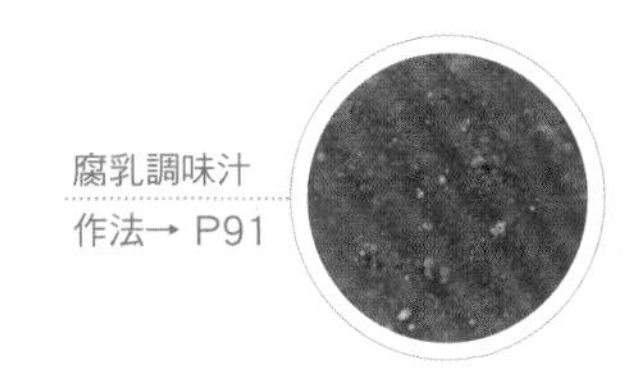

腐乳調味汁
作法→ P91

芳香的炸鰻魚，裹上濃郁的甜辣醬料，再加上蔬菜，即組成這道沙拉料理。在具有獨特風味魅力的豆腐乳中，混入萬能醬油的調味汁，適合搭配香味強烈的芹菜和蘘荷等蔬菜。烹調的重點是鰻魚需經過事前處理，透過去除黏液，仔細去骨的作業，口感會變得更好。

鰻魚沙拉

作法→第121頁

京料理　Yu・Kurashina

Kyoryori　Yu・Kurashina

店主

倉科守男、裕美子

倉科守男
Kurashina, Morio

1956年生於長野縣。松本第一高等學校食物科畢業。陸續在「河莊雙園」的築地店、京都店，大阪的「花外樓」，京都的「祇園 惠美」任職，2003年開設「Yu・Kurashina」。2011年起在向日市的料理教室擔任講師。

倉科裕美子（圖片）
Kurashina, Yumiko

1959年生於京都市。京都日吉之丘美術工藝學校、嵯峨美術短期大學畢業。2003年起加入「Yu・Kurashina」。2008年在家裡開設「媽媽料理教室」，2011年起在向日市擔任料理教室講師。

餐具協力：宮本 博

改良涼拌菜和醋拌涼菜
變化油的用法
成為日式料理的風格

日本料理中，適合當沙拉的就是涼拌菜和醋拌涼菜，所以這次我設計沙拉時，就試著改良這兩種料理。為了慎重呈現日本料理的風格，調味汁中我不加油，若想呈現濃郁風味等需要油分時，會利用炒菜或油炸料理，間接地補充油分。而且大量納入豆類、根菜等，製成日式料理風格般的健康沙拉。

京料理　Yu・Kurashina

地址　京都市東山區祇園石段下二筋下ル東入

電話　075-533-4180

營業時間　11時30分～13時30分、17時～22時30分

定休日　第2、3週日定休（會變動）

生豆腐皮春捲沙拉 胡麻調味汁

作法↓第122頁

這是從泰國料理生春捲構想出的沙拉。主廚用剛做好的豆腐皮取代米紙，捲包蟹腳、高湯蛋捲、水菜、京胡蘿蔔、紅梗菠菜等各色食材。利用芝麻調味汁，提引出蟹肉、蔬菜和豆腐皮等餡料的風味。胡麻調味汁是以炒芝麻、砂糖、淡味醬油和醋調製的清爽型調味汁。

章魚白蘿蔔沙拉 梅肉調味汁

作法↓第123頁

這是在章魚和梅子的組合中，加入水嫩的萵苣、蘿蔔嬰等新鮮蔬菜的沙拉。梅肉調味汁中使用沒有多餘調味的傳統鹽漬梅乾，加入蜂蜜，味道變得更溫潤。還加入剁碎的脆梅，添加梅子一般的清爽味道與口感。可視個人喜好，斟酌加入的分量。

蜂蜜番茄
柚子調味汁

作法↓第123頁

洋菜是使調味汁凝固的配料之一，這道料理中用它來凝固芳香的柚子調味汁。將蜂蜜醃漬的小番茄和蠶豆一起盛盤，再撒上半透明的柚子調味汁。入口後添加甜味多汁的番茄，與融化的調味汁融為一體。這道沙拉也可作為前菜、小菜或甜點。

烤蔥沙拉 橙味醬油調味醬

作法→第124頁

這道沙拉是將直接用火慢烤的長蔥，和汆燙過的魚白一起盛盤後，再佐配橙味醬油調味醬。在鍋物料理中，這雖是大家熟悉的組合，但是這裡沒有高湯，換言之沒有水分，當蔥的甜味與黏滑的口感，與黏稠的魚白在口中交融時，更能讓人感受到濃縮的鮮味。橙味醬油可用自己喜歡的配方，來表現自家店的風味。

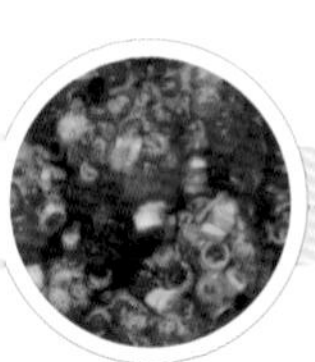

橙味醬油調味醬
作法→ P91

芥末調味醬
作法→ P91

海鮮沙拉 芥末調味醬

作法↓第124頁

用涼麵露醃漬水煮好的熱芥末莖，加蓋靜置來增加辣味。主廚以友人所教的方法，直接醃漬芥末莖來製作調味醬，是一道能品嘗海鮮與蔬菜美味的沙拉。油炸素麵酥脆的口感與鹹味、芹菜的清爽感、芥末莖的爽脆口感與辣味，組合出別有風味的海鮮沙拉。

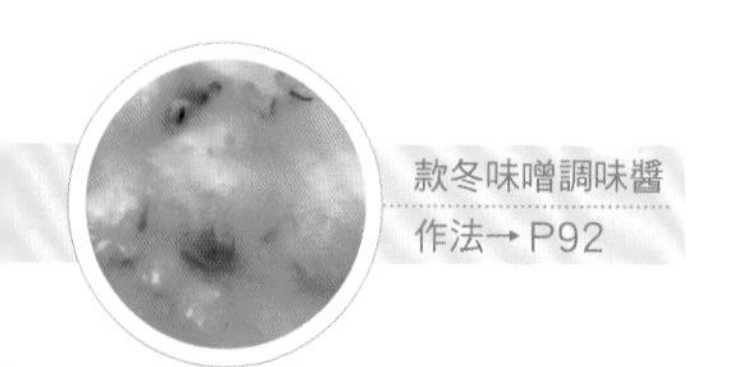

款冬味噌調味醬
作法→ P92

毛蛤春沙拉 款冬味噌調味醬

作法↓第125頁

毛蛤具有香味與鮮味，即使生的也很美味。毛蛤加上食用土當歸和竹筍，再佐配款冬味噌調味醬，就完成這道能感受春天氣息的沙拉。添加的海帶芽，使用近來較難買到的灰乾海帶芽。比陰乾的海帶芽味道更香，也比鹽漬海帶芽的味道更濃。這道沙拉很適合搭配稍甜的款冬味噌調味醬，也是頗富特色的下酒菜。

羅勒籽調味汁
作法→ P92

生麩水菜沙拉 羅勒籽調味汁

作法↓第125頁

羅勒種子泡水後，周圍會出現膠狀物。主廚利用其獨特的外形和顆粒口感來製作調味汁。生麩使用有相同口感的粟製生麩，經油炸、燉煮後再混合用麻油拌炒過的水菜。炒油使用無香味的太白麻油。因炒油沒有香味，所以能充分發揮食材美味，完成清爽的沙拉。

芋頭沙拉

作法↓第126頁

這道沙拉的構想來自馬鈴薯沙拉。以芋頭取代馬鈴薯，碾碎後用美乃滋調拌。因為芋頭已壓碎成泥狀，所以加入蓮藕補充口感，美乃滋中加入能搭配芋頭甜味的白味噌，使口味更加圓潤。並添加車麩以取代鹹餅乾和法式短棍麵包，用車麩搭配沙拉便成為日式風味。

什錦豆沙拉
豆腐調味醬

作法→第127頁

這道料理是以使用豆類和現在較少有機會食用的醃牛肉為考量而設計的沙拉。共使用5種豆類。色彩、大小不同的豆子，外觀繽紛有趣。醃牛肉不調拌醬汁直接盛盤，讓顧客一面混合，一面慢慢品嚐。調味醬是在豆腐中加入芝麻醬。豆類雖然適合搭配以黃豆為原料的豆腐，不過對比的口感十分有趣。

海苔調味汁
作法→ P92

豆腐沙拉 海苔調味汁

作法→第126頁

這道是由涼拌豆腐變化而來的沙拉料理。該店推出的涼拌豆腐的調味料，有蔥、薑、柴魚和海苔等。以此為底料，再加入使用佃煮海苔的調味汁、蘘荷和生薑等常見的調味料，並以炒牛蒡增加變化。這道沙拉爽脆的口感讓人心情愉悅，炒牛蒡的油分也使沙拉更有滋味。

豆腐調味醬
作法→ P92

大田忠道　御馳走塾 關所　天地之宿 奧之細道

Ota Tadamichi | Gochisojuku Sekisho | Ametsuchi-no-yado Oku-no-hosomichi

四季之彩・旅籠　館主

大田忠道

大田忠道
Ota, Tdamichi

1945年生於日本兵庫縣。23歲擔任「有馬大飯店」副料理長。曾任「中之坊瑞苑」料理長，2002年開設「四季之彩・旅籠」。後開設「天地之宿　奧之細道」，為「御馳走塾　關所」負責人。獲頒黃綬獎章、瑞寶單光獎章。主持大田忠道料理道場，現任兵庫縣日本烹調技能士會會長，百萬一心味全國天地會會長。

融入醃菜、味噌、魚露等發酵食品，完成日本料理特有的沙拉

過去的日本料理很少使用生鮮蔬菜，我想這是因為蔬菜都事先加熱去除澀味，使口感變柔軟的緣故。在普遍使用生鮮蔬菜的現在，為了設計製作日本料理才能表現的沙拉，我認為最好的方式是善用日式發酵食品。就像提到西洋料理大家便想到鯷魚、起司等一樣，總會讓人產生用法和組合的新創意不是嗎？

京綾部飯店
總料理長
山野　明

京綾部飯店
料理長
吉永達生

御馳走塾　關所
料理長
清水孝信

御馳走塾　關所

地址　神戶市北區有馬町字山田山1820-4
電話　078-903-2150
營業時間　11時～14時30分（14時點餐截止）、17時～21時（20時30分點餐截止）
定休日　週二定休

天地之宿　奧之細道

地址　神戶市北區有馬町字大屋敷1683-2
電話　078-907-3555
營業時間　全年無休。僅用餐需詢問

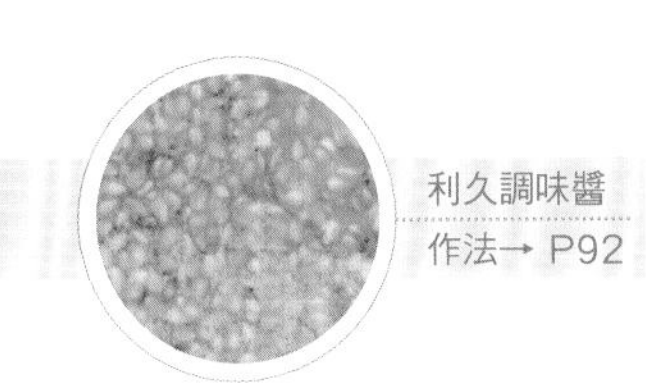

利久調味醬
作法→ P92

海藻雪見沙拉 利久調味醬

作法→第129頁

葉菜沙拉上撒上雪一般的鯛魚鬆。一盤沙拉同時擁有海藻的海香味、富油脂的鯛魚鮮味，以及調味汁的芝麻、生薑風味。使用芝麻的料理，有「利久涼拌菜」、「利久油炸物」、「利久煮」等，這些都是因喜愛芝麻的茶師千利休（久），而冠以利久之名，因此調味醬稱為「利久調味醬」。

白肉魚七彩沙拉
抹茶調味汁

作法↓第129頁

這是以抹茶風味的調味汁來搭配鯛魚生菜沙拉。在品嚐食材新鮮口感的同時，還能享受美麗繽紛的色彩。蔬菜切成花瓣形，加入豆腐皮增加口感上的變化，再加上食用櫻草。調味汁是在洋蔥調味汁中加抹茶粉製成。

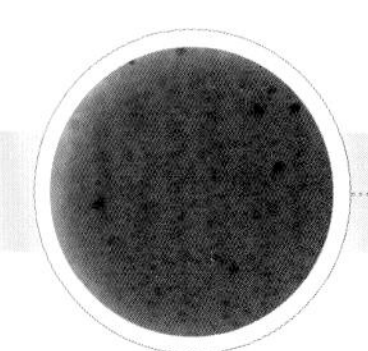

抹茶調味汁

作法→ P93

味噌調味醬
作法→ P93

山菜沙拉 味噌調味醬

作法↓第130頁

盤中盛入九種山菜，猶如早春山上萌芽般的景致，顧客可一面淋上味噌調味醬，一面享用。看起來如冰一般的海藻絲上，撒著食用玫瑰花瓣，使餐桌更添華麗感。調味醬是西京味噌中添加芝麻風味，再加蜂蜜成為偏甜的味道，和具有苦味、澀味的山菜非常對味。

熟成沙拉
羅勒風味的橄欖油

作法→第130頁

醃漬菜即熟成蔬菜。這道沙拉便是掌握此重點，將蔬菜換成醃菜所構思出來的新料理。淺漬菜、奈良醃菜、醃燻菜等，一道集合豐富多樣的醃菜，佐配加了1％法國製羅勒油的初榨特級橄欖油作為調味汁。也可以作為前菜、小菜或宴會的單點料理。

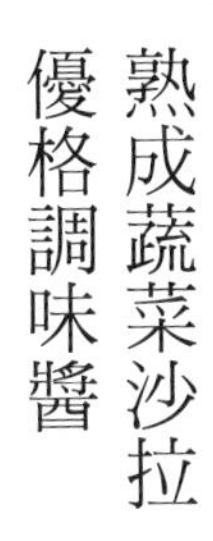

熟成蔬菜沙拉 優格調味醬

作法→第131頁

這是另一道將醃菜視為熟成蔬菜的沙拉料理。調味醬也使用和醃菜相通的發酵食品及優格。雖然特色調味醬是組合優格、梅肉、薤、橄欖油等日式和西洋食材，卻和鹽漬、糠漬、麴漬等醃菜非常對味。醃菜還淋上橄欖油來調味。

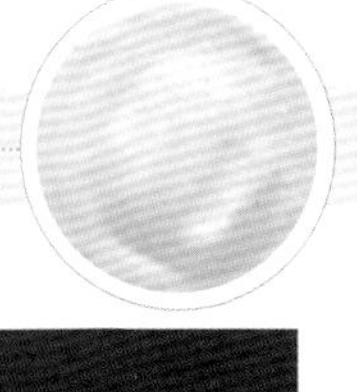

優格調味醬

作法→ P93

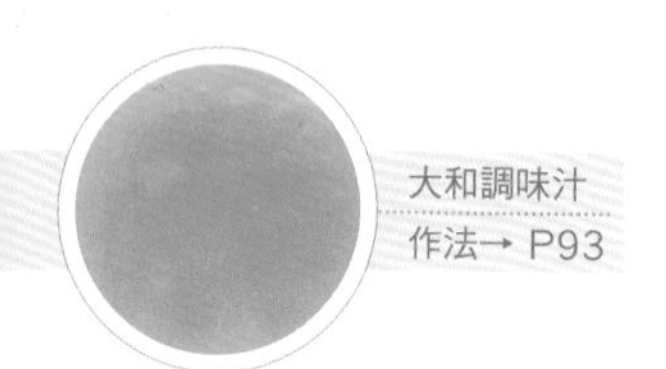

大和調味汁
作法→ P93

松前沙拉
大和調味汁

作法↓第131頁

這道沙拉可在昆布醃蔬菜上淋大和味噌調味汁後享用。研發的創意是以昆布醃魚的技法，讓昆布的鮮味滲入口感佳、但味道平淡的各式蔬菜中。再以加辣椒的橄欖油稀釋大和味噌的調味汁，來突顯沙拉整體的風味。味噌是使用金澤產熟成型的大和味噌。

味噌南蠻調味醬
作法→ P93

岩津蔥沙拉 味噌南蠻調味醬

作法↓第132頁

岩津蔥是日本兵庫縣的特產品，屬於白蔥和青蔥中間品種。特色是芳香、味甜，蔥綠的部分吃起來柔軟如葉菜般。將一半量的岩津蔥水煮一下，另一半烤香後盛盤，再佐配同樣有蔥香味的味噌南蠻調味醬，是一道適合搭配日本酒的日式沙拉。

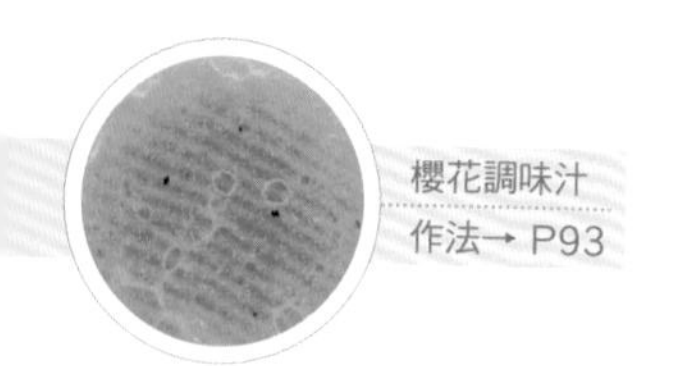

花沙拉 櫻花調味汁

作法↓第132頁

這道料理的主角是三色紫蘿蘭，加入小蕪菁和綜合蔬菜嫩葉，就成為能享受花卉的沙拉。調味汁中也使用鹽漬櫻花，整體料理以花卉來整合。有些食用花具有苦味和澀味，大多用來增添料理的色彩，但三色紫蘿蘭沒有特殊氣味和澀味，味道清淡，即使作為主材料也沒問題。

三種小沙拉

作法↓第133頁

變換主要食材成為三種小沙拉後整合成一盤，就完成這道充滿趣味的沙拉。三種沙拉包括：煮蕎麥種子配口感黏滑蔬菜的「蕎麥種子沙拉」（圖片中央），以金山寺味噌調味，組合海藻與口感新鮮的海藻加工食品的「海藻沙拉」（右），以及用五種豆類，佐配土佐醋凍調味汁的「豆沙拉」。三種沙拉配色繽紛又健康。

金山寺味噌調味汁

作法→ P94

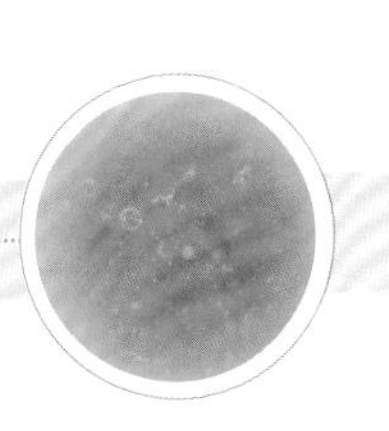

土佐醋凍調味汁

作法→ P94

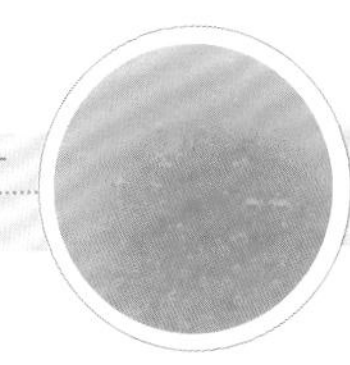

蔬菜清炸後擠上手指香檬汁，佐配以豆奶和美乃滋為底料的調味醬。手指香檬是狀如手指的小型柑橘類水果，裡面包有許多顆粒，能夠享受到爽脆的顆粒口感。除了將顆粒撒在沙拉裡之外，加入調味醬中也很可口。在享受口感的同時，柔和的酸味也使味道更富有變化。

炸蔬菜沙拉
豆奶美乃滋調味醬

作法→第134頁

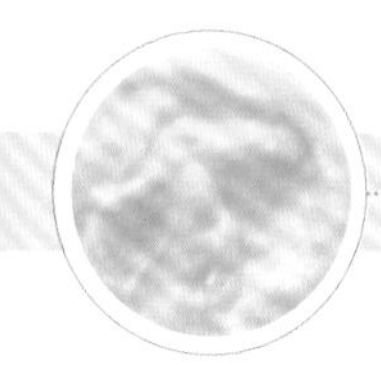

豆奶美乃滋調味醬

作法→ P94

六種蔬菜汁

作法→第134頁

這是以蔬菜汁形式呈現的沙拉。甜椒、蔥等具苦味和澀味的蔬菜，加入水果的酸味、甜味、香味或香料風味，變得容易飲用，享用時的感覺就像在「喝維生素」般。此外，製成果汁更易消化吸收，主廚也希望將這種蔬菜攝取法推薦給注重健康的客人。圖片自左而右，分別是「健康蔬菜汁」、「櫻花汁」、「白蔥汁」、「南瓜汁」、「紫芽汁」和「甜椒汁」。

春蔬菜沙拉 豆腐美乃滋

作法→第135頁

豆腐美乃滋

作法→ P94

調味汁的容器中，隨意插入蔬菜棒，讓人能輕易地抓取食用。只要用手拿取蔬菜棒，已沾取調味汁的部分就可直接食用，很方便。主廚考慮到現代人愈來愈注重健康，因此使用零膽固醇的的豆腐美乃滋。將燈光打在玻璃杯上，其豐富色彩更添享用的樂趣。

海鮮番茄濃湯

作法→第135頁

這道沙拉挑選海鮮類裡具甜味的蟹、蝦和海扇貝，與對味的番茄組合。番茄是使用水果用番茄，和胡蘿蔔、洋蔥和芹菜一起攪打成糊狀，取代調味汁製成湯品。滿滿地盛入容器中，搭配上玻璃杯與山蘿蔔，顯得更豪華誘人。

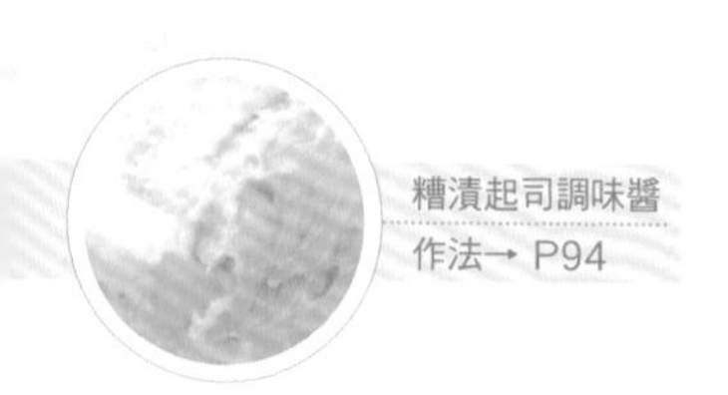
糟漬起司調味醬
作法→ P94

葉牛蒡海蜇山蒜沙拉 糟漬起司調味醬

作法↓第136頁

這是在芳香的葉牛蒡、新牛蒡和山蒜中，混入海蜇皮的春季沙拉。調味醬以白味噌醃漬起司、橄欖油和明太子混合而成。組合同樣是發酵食品的起司和白味噌形成的獨特風味，是日本料理中才能嚐到的美味。因調味醬為固態，使整體沙拉味道有濃淡之別，讓人吃到最後也不膩口。

烤蔬菜胡椒木芽沙拉 優格胡麻調味醬

作法↓第136頁

這道料理是在容器中放入發熱劑，上面鋪上大量的胡椒木芽，再盛入蔬菜。提供給客人之前才倒入水，因發熱劑會釋出蒸氣加熱，讓胡椒木芽散發出香味。這個創意構思新穎，蔬菜本身雖未經燻烤，卻能使沙拉呈現燻烤般的香味。佐配清爽的優格胡麻調味醬享用。

優格胡麻調味醬

作法→ P94

蔬菜棒
絹豆腐調味醬

作法→第137頁

下酒菜中的蔬菜量常常不足，最理想的方式是以蔬菜棒輕鬆攝取補充。這道料理是將基本的小黃瓜、芹菜、蛋茄，以及白菜等切成等長，佐配上絹豆腐調味醬享用。絹豆腐調味醬中使用過濾變細滑的絹豆腐，再混入兩成的優格增加酸味。也讓芝麻口味更具加分效果。

絹豆腐調味醬
作法→ P95

豆奶調味醬
作法→ P95

釜揚玉筋魚和烤鮭魚
春蔬菜沙拉
豆奶調味醬

作法→第137頁

在瀨戶內當地，玉筋魚如早春風物詩般被稱為「春告魚」。玉筋幼魚雖以美味著稱，不過行家更愛被稱為「furuse」的成魚的鮮味。釜揚烹煮法是用鍋子將魚燉煮到連骨頭都能吃的軟度。鮭魚則是日曬後略微烘烤。兩種魚類組合春高麗菜等蔬菜，再佐配上風味柔和的豆奶調味醬享用。

烤蔬菜沙拉 佐配岩鹽

作法→第138頁

這道主廚推薦的簡單沙拉，只用鹽搭配直接火烤的蔬菜。蔬菜有蕪菁、萬願寺辣椒、牛蒡、洋蔥、茄子等五種。蕪菁和洋蔥有甜味、萬願寺辣椒具辣味與苦味、牛蒡散發香味、茄子水嫩多汁。除了直接火烤的香味外，還能讓人感受到各別的特色。依不同季節變換各種蔬菜，可讓人品嚐截然不同的風味。

鐵火味噌調味汁
作法→ P95

春蔬菜熱沙拉
鐵火味噌調味汁

作法→第138頁

將柔軟的春高麗菜、鮮味濃郁的黑色大鴻禧菇、口感爽脆的食用土當歸等水煮後，和涼粉一起盛盤。清淡的食材以紅味噌調味汁添加濃淡風味，是日本人熟悉又容易食用的組合。圖中沙拉盛入雕花的冬瓜容器中，漂亮的盛盤方式也適合用來宴客。

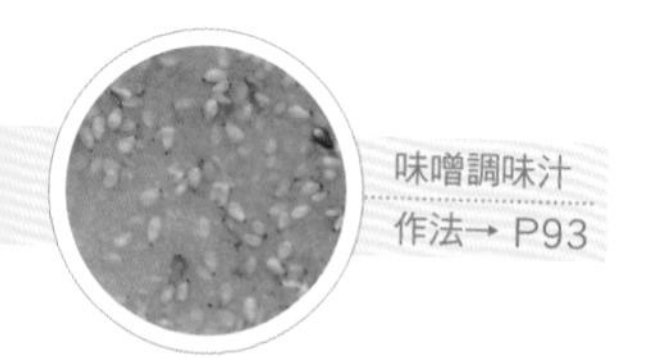

茗蔥和魩仔魚釜揚沙拉
味噌調味汁

作法↓第139頁

茗蔥是吃起來極芳香的山菜。這道沙拉只將茗蔥的莖沾上麵衣油炸成天婦羅，再和魩仔魚釜揚組成，佐配上和山菜極合味的味噌調味汁。味噌的風味與茗蔥的嗆辣味相得益彰，彼此風味相互襯托提引。這個以西京味噌為底料的甜味調味汁，也和魩仔魚非常對味。

芥末菜沙拉

作法↓第139頁

芥末菜具有勁嗆的風味與柔軟的口感。用新鮮芥末菜直接製作沙拉，同時還能活用芥末菜鮮豔綠色的特點。而調味汁以麻油拌炒的酥脆魩仔魚取代。加入大蒜末增添風味與美味，雖然簡單，但卻是風味十足的成人風味沙拉。

蔬菜涼粉 四種調味汁

作法↓第140頁

七彩蔬菜 蔥調味汁

作法↓第140頁

以小容器盛裝的各式下酒菜並排盛盤，這是一道讓人開心的料理。而且色彩豐富的九道小菜，在視覺上也一定令人賞心悅目。沙拉料理最好組合對味的季節蔬菜，這次的春季料理中加入牛蒡、豌豆莢和山菜等，另外，還添加紫蘇嫩芽和蕎麥種子增加變化。

在容器中整齊並列的涼粉塊，是胡蘿蔔、綠花椰菜、南瓜、白花椰菜分別攪打成泥，再用洋菜凝固製成。涼粉上桌時，店家會附上「天突器」（譯注：天突器是日本傳統製作涼粉的工具），讓客人自己製作涼粉，搭配調味汁享用。調味汁有草莓、檸檬、苦橙和蔬菜等四種口味。視個人喜好隨意搭配涼粉和調味汁。

草莓調味汁
作法→ P95

檸檬調味汁
作法→ P95

蔬菜調味汁
作法→ P95

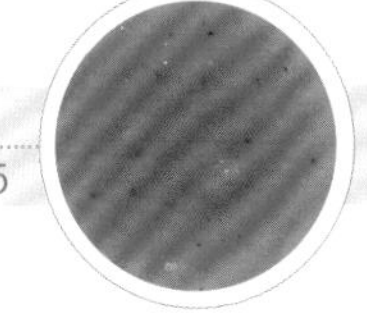

苦橙調味汁
作法→ P96

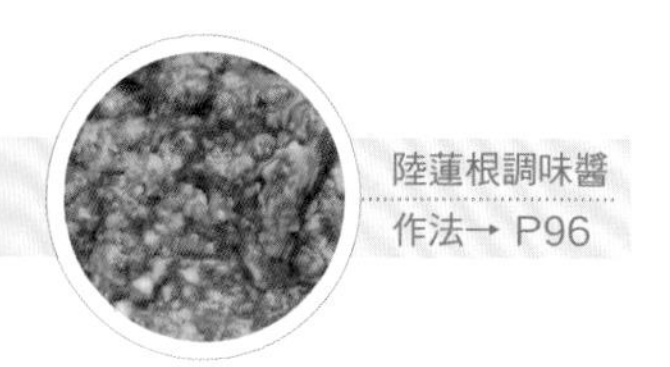

陸蓮根調味醬

作法→ P96

豆腐皮大原木捲 陸蓮根調味醬

作法↓第141頁

大原木捲這個名稱，源自京都大原地區女子以頭頂運送的木柴。這道料理將蔬菜當作薪柴，外表以風味絕佳的豆腐皮捲包。外形雖然類似生春捲，但內餡不是混合多種素材，而是每捲只單純捲包一種食材，因此能直接傳遞蔬菜的美味。這道京都風味沙拉適合淋上黏稠的陸蓮根調味醬來享用。

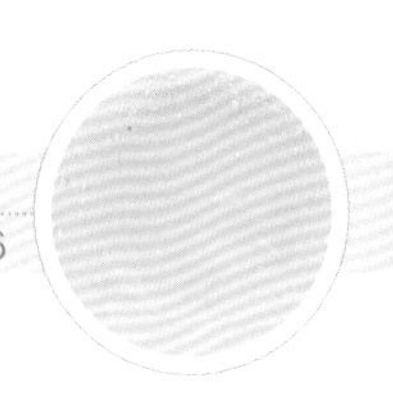

什錦蔬菜沙拉 薄蜜凍

作法↓第141頁

季節蔬菜和薯類以糖漿蒸煮後，直接浸泡在糖漿裡讓甜味滲入蔬果中，再淋上糖漿凍即完成這道沙拉。蔬菜主要使用紅薯、紫芋、小番茄、百合根等甜味食材。蔬菜以糖漿烹調後，呈現水果旁治酒般繽紛色彩的盛盤法，特別受到女性顧客的喜愛。

推薦的自助式熱蔬菜沙拉

飯店或旅館的早餐一般都是自助餐的形式，若加入能攝取蔬菜的蔬菜自助餐，不知顧客的反應如何……基於這樣的想法，主廚研發出這道熱蔬菜沙拉。
餐台上排放著切成易食用大小的季節蔬菜，顧客將自己喜愛的蔬菜放入網篩中，以「涮涮鍋」的要領燙熟蔬菜，再從多種調味汁中，選出自己喜愛的搭配享用。蔬菜加熱變軟後，能吃下較多的分量，而且吃熱蔬菜身體不會變冷，早晨尤其受歡迎。
任何內容的調味汁都能搭配熱蔬菜，如果使用日本傳統材料，即使搭配米飯和味噌湯等日式料理也很協調。使用豆腐、麴和豆奶的調味汁也不錯。以下將介紹「鹽漬烏賊調味汁」、「魚露調味汁」和「烏魚子調味汁」等。

喜歡的蔬菜用沸水氽燙後，搭配喜愛的調味汁。在「天地之宿　奧之細道」、「四季之彩、旅籠」的自助式早餐中均有供應。

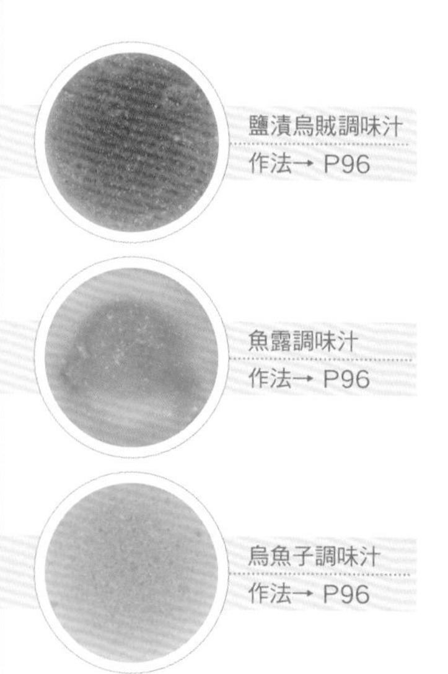

鹽漬烏賊調味汁
作法→ P96

魚露調味汁
作法→ P96

烏魚子調味汁
作法→ P96

調味汁、醬汁、醬料便利簿

「調味汁、醬汁、醬料」是襯托沙拉料理美味的重要配角！以下，整理出本書中登場的所有「調味汁、醬汁和醬料」，新研發的獨創食譜在此大集合！

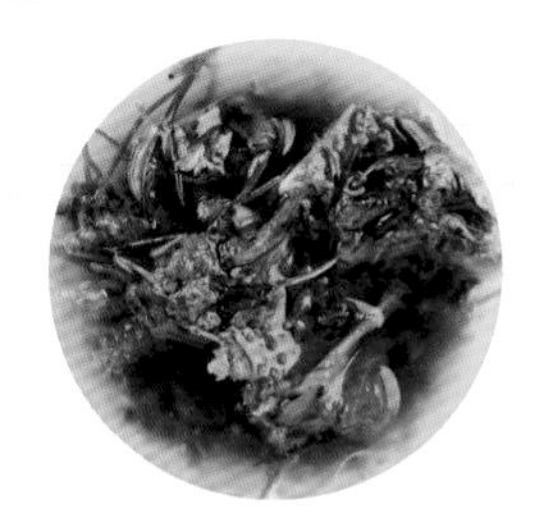

香草油醋醬

料理刊載●香草和剛採新鮮蔬菜配米舒芙蕾 香草油醋醬→ p.7

材料（便於製作的分量）
蒔蘿3g、迷迭香5g、義大利巴西里3g、百里香3g、芝麻菜3g、A〔橄欖油150g、白葡萄酒醋50g〕、鹽適量、白胡椒適量、裝飾用香草〔蒔蘿、迷迭香、義大利巴西里、百里香＝上述各適量〕

作法
1 芝麻菜以外的香草用沸水汆燙一下，瀝除水分，芝麻菜和A一起混合用果汁機攪碎。
2 加鹽和胡椒調味，盛入容器中，插上裝飾用的香草。

胡蘿蔔慕斯

料理刊載●伊比利豬肉凍、醃菜和胡蘿蔔慕斯沙拉百匯→ p.8

材料（便於製作的分量）
胡蘿蔔（剔除硬芯）200g、奶油適量，鮮奶100g，鮮奶油180g，鹽、胡椒各少量

作法
1 胡蘿蔔去皮，剔除硬芯，切片用奶油拌炒。炒軟後加鮮奶煮。
2 用果汁機攪打1，攪打成糊狀後弄涼。
3 用打蛋器將鮮奶油攪打成八分發泡。
4 打發的鮮奶油和2混合，加鹽和胡椒調味。（也要考慮肉凍和醃菜的鹹味來斟酌鹽量）

烏賊墨醬汁

料理刊載●鹽漬鱈魚泥和烏賊白蘿蔔捲 烏賊墨醬汁→ p.9

材料（便於製作的分量）
烏賊墨汁10g、白葡萄酒15g、洋蔥（切末）20g、番茄40g、大蒜（切末）2瓣、美乃滋100g、鮮奶油80g

作法
1 番茄剔除種子切丁。
2 將洋蔥、番茄、烏賊墨汁、大蒜和白葡萄酒混合，以中火加熱，約煮10分鐘後用細目網篩過濾。
3 等2涼了之後，和美乃滋及稍微打發的鮮奶油混合。

海藻油醋醬

料理刊載●古斯古斯和文蛤的海藻油醋醬→ p.10

材料（便於製作的分量）
綜合海藻20g、文蛤蒸煮汁（p.100）80g、檸檬汁25g、橄欖油100g、鹽．胡椒各少量

作法
1 海藻泡水回軟，充分瀝除水分，切碎。
2 將文蛤的蒸煮汁、檸檬汁、橄欖油和1的海藻充分混合。
3 加鹽和胡椒調味（海藻有鹹味，注意斟酌鹽的分量）。

蒜味辣醬汁

料理刊載●烤黑胡椒麵皮包蔬菜
蒜味辣醬汁→ p.10

材料（便於製作的分量）
紅椒1個、A〔大蒜泥30g、蛋黃1個、馬鈴薯泥60g〕、橄欖油100g

作法
1 紅椒放在網架上直接用火烤，表面烤黑後過冰水，將表面烤焦的皮去除乾淨。
2 將1的紅椒去除蒂頭和種子，用果汁機攪打成糊狀。
3 在2中加入A混合，一面混合，一面慢慢加入橄欖油，讓其乳化成美乃滋狀。

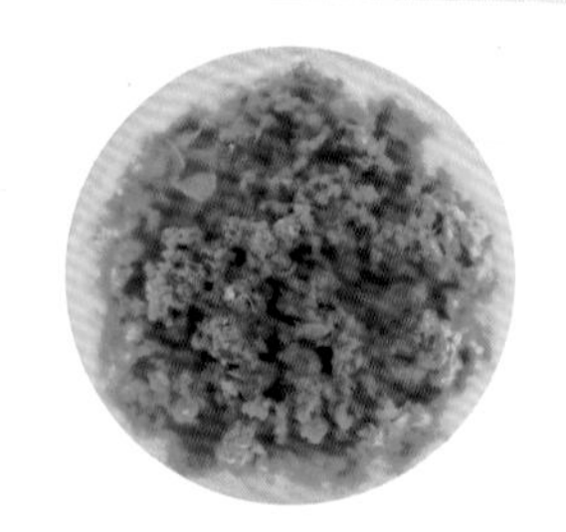

橄欖醬

料理刊載●野菜沙拉串→ p.11

材料（便於製作的分量）
黑橄欖100g、蒜泥1瓣、鯷魚30g、帕瑪森起司20g

作法
黑橄欖剔除種子，和蒜泥、鯷魚和帕瑪森起司一起放入果汁機中充分攪打均勻。

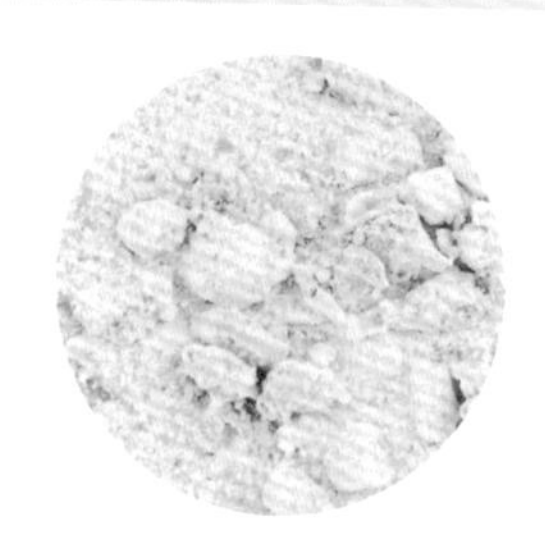

柳橙粉

料理刊載●法國產白蘆筍泡沫慕斯
柳橙粉風味→ p.12

材料（便於製作的分量）
柳橙皮100g、糖漿100g

作法
1 柳橙皮用冷水開始煮起，煮沸後用網篩撈起，再用冷水煮至沸騰，如此重複3次。
2 在水中加入糖漿，放入1的柳橙皮煮20～30分鐘。
3 將2取出弄乾。途中，將一部分的柳橙皮切末備用。
4 橙皮乾燥後（切末的皮先保留），放入食物調理機中攪打成粉狀，再加入切末的柳橙皮混合使用。

綠豌豆慕斯

料理刊載●烤蔬菜和綠豌豆慕斯千層派
→ p.15

材料（便於製作的分量）
綠豌豆200g、鮮奶油180g、鹽・胡椒各適量

作法
1 綠豌豆用加少量鹽的熱水煮過，用果汁機攪打後過濾。
2 鮮奶油攪打成八分發泡。
3 將2的鮮奶油和1混合，加鹽和胡椒調味。

蛋黃醬汁

料理刊載●綠蘆筍和帕瑪森起司→ p.17

材料（便於製作的分量）
蛋黃2個、EXV.橄欖油適量（約150ml）、水少量、白葡萄酒醋少量、鹽少量

作法
1 將蛋黃放入小鋼盆中，用手持式攪拌機一面混合，一面慢慢加入橄欖油讓其融合。
2 材料充分乳化變濃稠後，加水稀釋。加白葡萄酒醋和鹽調味。

拉斯克拉醬汁

料理刊載●香煎白蘆筍和拉斯克拉起司
松露芳香→ p.18

材料（便於製作的分量）
拉斯克拉起司100g、鮮奶油150ml、蛋黃1個

作法
1 拉斯克拉起司切方塊，和鮮奶油半量（75ml）一起用微波爐加熱煮融。
2 剩餘的鮮奶油75ml用鍋煮沸，加入1用打蛋器充分混合。
3 煮沸後轉小火，用鮮奶油（分量外）調味，熄火，加蛋黃充分混合後，用小火加熱至稍微沸騰，再用網篩過濾。

柳橙醬汁

料理刊載●茴香片和柳橙　鹽漬真鯛→ p.19
／柳橙、葡萄柚堅果沙拉→ p.22

材料（便於製作的分量）
柳橙1又1/2個、水麥芽1大匙

作法
1 擠出柳橙汁。
2 將1的柳橙汁用網篩過濾，放入鍋中，加水麥芽開火熬煮，煮到變濃稠後離火放涼。

布瑞達起司醬汁

料理刊載●烤番茄　橄欖油風味
布瑞達起司　羅勒香味→ p.20

材料（便於製作的分量）
布瑞達（Burrata）起司1個、鮮奶油50ml、橄欖油少量、鹽少量

作法
用果汁機攪打布瑞達起司，加入煮沸的鮮奶油攪拌，再加橄欖油和鹽調味後放涼。

羅勒醬汁

料理刊載●烤番茄　橄欖油風味
布瑞達起司　羅勒香味→ p.20

材料（便於製作的分量）
羅勒（九層塔）1盒、冰塊1個、松子5顆、橄欖油適量

作法
在果汁機中放入羅勒、冰塊、松子和橄欖油攪打變細滑即可。

牛肝菌醬汁

料理刊載●焗烤義大利節瓜和白醬　牛肝菌醬汁和土耳其細麵　迷迭香香味→ p.21

材料（便於製作的分量）
乾燥牛肝菌10g、肉高湯50g、麵粉（00粉型）5g、橄欖油適量

作法
1 乾燥牛肝菌泡水回軟，切碎，和肉高湯一起稍微燉煮。
2 麵粉（00粉型）和橄欖油開火加熱，一面混拌，一面讓它們融合至沒有粉末感，製作油糊（roux），放入1的高湯中融合以增加濃度。

龍蒿醬汁

料理刊載●生甜蝦和鷹嘴豆奶油
龍蒿芳香→ p.25

材料（便於製作的分量）
龍蒿1/2盒、義大利巴西里（和龍蒿等量）、冰塊1個、EXV.橄欖油

作法
分別摘下龍蒿和義大利巴西里的葉片，將葉子放入果汁機中攪打，加入冰塊和橄欖油攪拌。

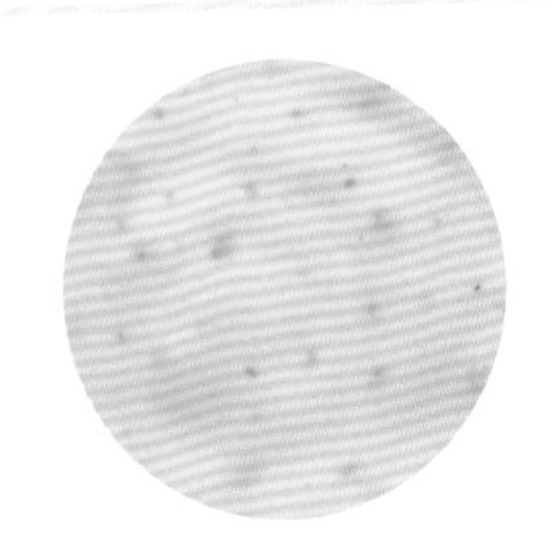

芥末籽美乃滋

料理刊載●茼蒿海螺沙拉→ p.27

材料（便於製作的分量）
美乃滋100g、乾羅勒少量、芥末籽醬適量、無糖煉乳40g

作法
將全部材料充分混合即成。

＊這道沙拉醬可沾食蔬菜棒或新鮮沙拉等生鮮蔬菜，也適合搭配雞胸肉等味淡的白肉。

萬能醬油

料理刊載●白菜和酥炸白魚沙拉→ p.28／比目魚沙拉→ p.39／扁麵沙拉→ p.40

材料（便於製作的分量）
江南醬油＊・濃味醬油、砂糖、蠔油

作法
在江南醬油中，混入濃味醬油、砂糖和蠔油。

＊江南醬油／以濃味醬油、蠔油和砂糖混合熬煮成的店家自製醬油。

蝦油

料理刊載●白菜和酥炸白魚沙拉→ p.28

材料（便於製作的分量）
蝦頭・殼、蝦膏・沙拉油各適量

作法
1 用低溫（約140℃）的沙拉油，炸蝦頭、殼和蝦膏5～6分鐘。
2 炸到蝦殼變酥脆後，最後將油溫升高（約180℃），立刻撈出蝦殼。鍋子離火，直接保存。讓油呈紅色且含有蝦子香味。

＊也可以用於熱炒料理中，料理裝飾和增加風味等。

豆豉醬汁

料理刊載●海扇貝豆豉風味沙拉→ p.29

材料（便於製作的分量）
豆豉醬＊（已過篩）35g、鹽湯20g、萬能醬油15g、沙拉油50g

作法
將全部材料充分混合。

＊豆豉醬／拌炒切粗末的大蒜和生薑，混合同樣粗切末的豆豉即成。

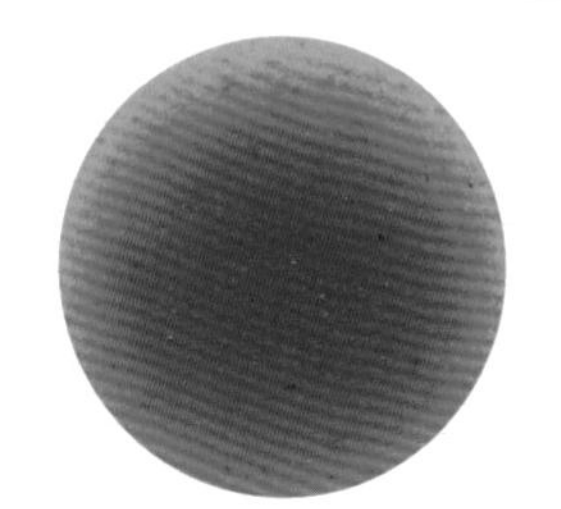

梅調味汁

料理刊載●海鮮沙拉　梅調味汁→ p.30

材料（便於製作的分量）
梅肉（剁碎的）30g、砂糖15g、醋25g、胡椒少量、沙拉油70g、蜂蜜5g

作法
將全部材料充分混合。

＊適合搭配海鮮料理、生鮮蔬菜沙拉等。

梅乃滋調味汁

料理刊載●三種餃子沙拉→ p.31

材料（便於製作的分量）
梅肉（剁碎）50g、砂糖30g、美乃滋35g、蜂蜜8g、醋30g、沙拉油少量

作法
將全部材料充分混合。

＊適合搭配蝦子天婦羅、炸蝦等海鮮類油炸料理。

油淋調味汁

料理刊載●豬腳綠花椰菜沙拉→ p.32

材料（便於製作的分量）
濃味醬油45g、砂糖50g、辣油10g、醋50g、麻油10g、蔥切末少量、生薑切末少量，全部放入鍋裡煮沸。

作法
在鍋裡放入全部的材料混合開火加熱，煮沸後熄火。

＊可以搭配油炸料理或所有肉類料理。

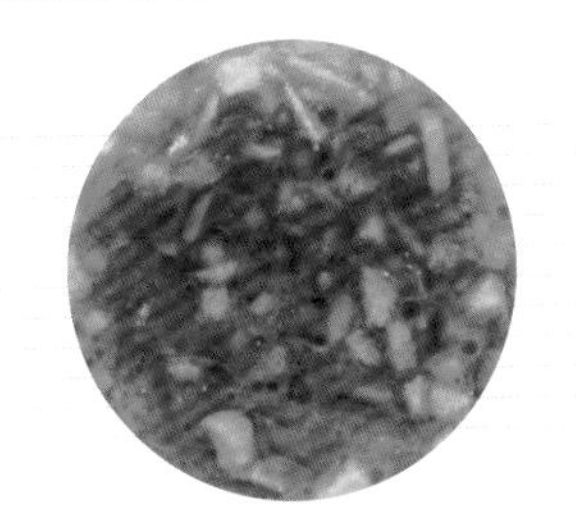

洋蔥調味汁

料理刊載●蟹腳奶油醬汁和沙拉的
洋蔥調味汁→ p.33

材料（便於製作的分量）
洋蔥（切末）1/2個、蘋果（磨泥）1/3個、濃味醬油45g、醋30g、砂糖15g、黑胡椒少量、沙拉油50g

作法
將全部材料充分混合。

＊洋蔥很適合製作新鮮蔬菜沙拉的調味汁。

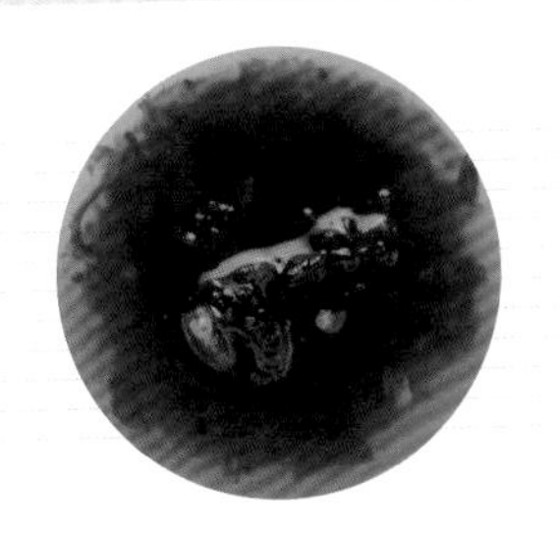

XO醬汁

料理刊載●四季豆XO沙拉→ p.35

材料（便於製作的分量）
XO醬1又1/2大匙、蔥油1小匙、江南醬油（p.88）1/2小匙

作法
將全部材料充分混合。

＊可用來製作炒蔬菜或炒海鮮料理。適用於XO醬的料理。

鮑魚肝醬汁

料理刊載●中式鮑魚沙拉→ p.36

材料（便於製作的分量）
肝（蒸過再過濾）20g、萬能醬油（p.88）10g、砂糖15g、沙拉油40g、花山椒粉2g

作法
將全部材料充分混合。

柚子胡椒調味汁

料理刊載●牡蠣豆腐皮天婦羅沙拉→ p.37

材料（便於製作的分量）
柚子胡椒45g、醬油15g、砂糖10g、醋15g、麻油10g、洋蔥（切末）1/2個、沙拉油50g

作法
將全部材料充分混合。

＊適合用於海鮮或貝類料理。

辣味調味汁

料理刊載●象拔蚌中式沙拉→ p.37

材料（便於製作的分量）
水150ml、番茄汁300ml、砂糖110g、番茄醬60g、鹽10g、韓國辣味噌80g、醋15g、豆瓣醬30g、洋蔥（切末）30g、沙拉油80g

作法
將全部材料充分混合。

＊適合淋在半熟蛋上，或者雞腿、白肉魚等油炸、拌炒料理等。

XO醬

料理刊載●美味菜、青江菜和烏賊沙拉
→ p.38

材料（比例）
XO醬3：鹽湯（p.112）1

作法
材料依上述比例充分混合。

＊適合用於海鮮料理等使用XO醬的料理。

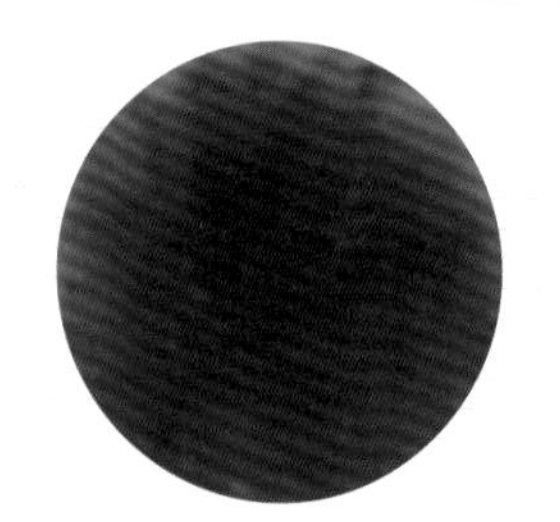

甜味噌調味汁

料理刊載●美味菜、青江菜和烏賊沙拉
→ p.38

材料（便於製作的分量）
八丁味噌100g、砂糖15g、酒20g、麻油40g、濃味醬油10g、沙拉油8g

作法
將全部材料充分混合。

＊加味噌、砂糖和水麥芽增加濃度，和蔬菜一起夾入蒸麵包中食用也很美味。

酒糟美乃滋

料理刊載●排骨沙拉　酒糟美乃滋→ p.42

材料（便於製作的分量）
酒糟50g、酒40g、沙拉油20g、鹽4g、美乃滋100g、含糖煉乳10g

作法
將全部材料充分混合。

＊口感如芥末味噌般，建議用於涼拌料理。也可以用來調拌珠蔥或螢烏賊。

棒棒雞調味汁

料理刊載●燻雞和蒸茄　棒棒雞調味汁
→ p.43

材料（便於製作的分量）
白芝麻醬45g、美乃滋50g、醋15g、砂糖20g、醬油18g、鹽少量

作法
將全部材料充分混合。

＊如同芝麻醬般來運用，可用來拌豆腐或素麵。

特製凱薩調味汁

料理刊載●凱薩風味龍蝦→ p.44

材料（便於製作的分量）
美乃滋45g、優格40g、蜂蜜5g、檸檬汁5g、蒜泥少量、鹽少量、胡椒少量

作法
將全部材料充分混合。

＊適用於生鮮蔬菜沙拉。

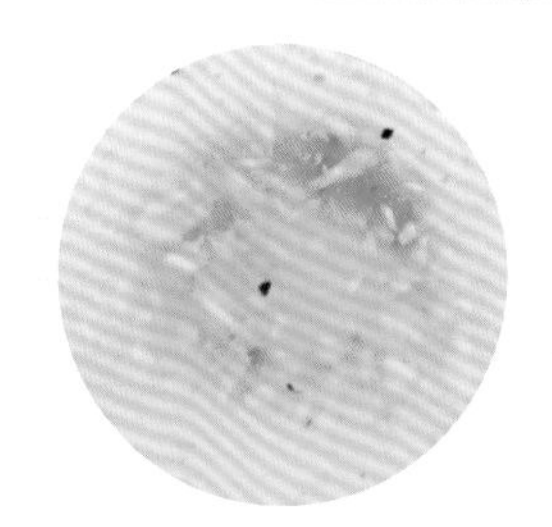

桂花調味汁

料理刊載●番茄風味對蝦　賞雪宴風
→ P.45

材料（便於製作的分量）
桂花陳酒30g、水150g、砂糖35g、檸檬汁45g、鹽4g、薑黃少量、沙拉油少量

作法
將全部材料充分混合。
適合搭配煮熟的海扇貝、牛角江珧蛤（Atrina pectinata）等貝類。

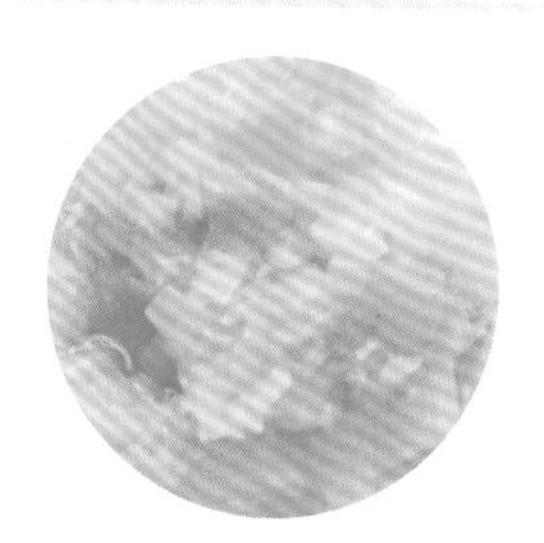

蔥薑醬料

料理刊載●帝王蟹沙拉丼　蔥薑醬料→ p.46

材料（便於製作的分量）
生薑（切末）50g、長蔥（切末）90g、八角1個、鹽適量、沙拉油150g

作法
將全部材料充分混合。

＊適合淋在蒸蟹肉、蒸雞肉片等味道清淡的料理上。

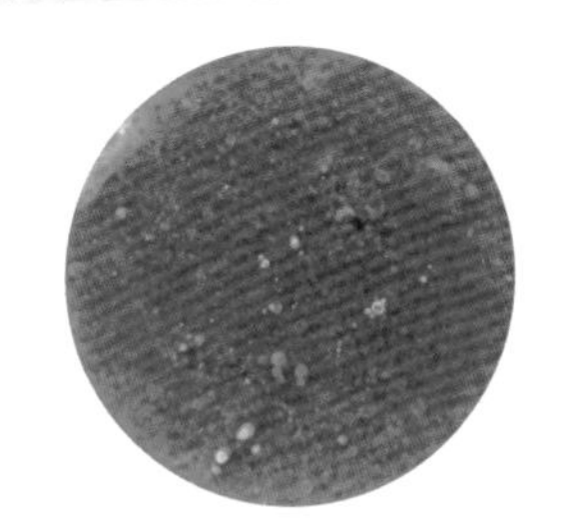

腐乳調味汁

料理刊載●鰻魚沙拉→ p.47

材料（便於製作的分量）
豆腐乳20g、腐乳汁5g、萬能醬油（p.88）20g、沙拉油40g

作法
將全部材料充分混合。

＊適合作為脆皮雞的醬料，或用於熱炒料理中。也可用來增添料理的香味。

胡麻調味汁

料理刊載●生豆腐皮春捲沙拉　胡麻調味汁→ p.49

材料（便於製作的分量）
炒芝麻20g、砂糖8g、淡味醬油5ml、醋10ml

作法
炒芝麻用研缽充分磨碎後，依序加入砂糖、淡味醬油和醋混合。

梅肉調味汁

料理刊載●章魚白蘿蔔沙拉　梅肉調味汁→ p.50

材料（便於製作的分量）
梅乾1個、醋1大匙、濃味醬油1大匙、蜂蜜1大匙、脆梅（小）3個、梅肉調味汁適量

作法
梅乾過濾，加醋、濃味醬油、蜂蜜，和切碎的脆梅混合。

柚子調味汁

料理刊載●蜂蜜番茄　柚子調味汁→ p.51

材料（便於製作的分量）
高湯180ml、洋菜粉3g、柚子汁60ml、濃味醬油6ml、味醂2ml、砂糖5g、柚子皮（切末）適量、柚子調味汁適量

作法
1 在鍋裡放入高湯和洋菜粉，開火加熱煮沸2～3分鐘，讓洋菜完全融化。
2 加入柚子汁、濃味醬油、味醂和砂糖混合後熄火。加柚子皮，倒入容器中，放入冰箱冰涼凝固。

橙味醬油調味醬

料理刊載●烤蔥沙拉　橙味醬油調味醬→ p.52

材料（比例）
橙味醬油3：白蘿蔔泥1：蔥芽（或細香蔥）1

作法
橙味醬油中加入白蘿蔔泥及切碎的蔥芽混合。

芥末調味醬

料理刊載●海鮮沙拉　芥末調味醬→ p.53

材料（便於製作的分量）
麵露適量、芥末莖適量

作法
1 芥末莖切碎，用沸水煮一下。
2 趁1還熱時，加入冷的麵露。裝入瓶中確實加蓋密封，在常溫中靜置1天備用。放在冰箱約可保存1週時間。

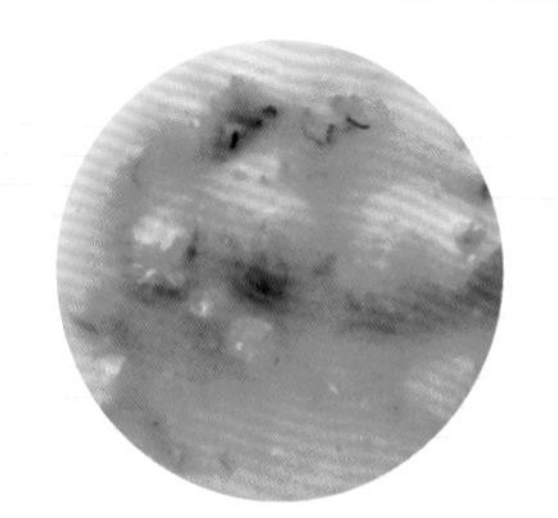

款冬味噌調味醬

料理刊載●毛蛤春沙拉　款冬味噌調味醬→ p.54

材料（比例）
款冬1：蛋味噌3：砂糖1：醋1

作法
款冬切碎，用少量油（分量外）拌炒，依上述的比例加入蛋味噌、砂糖和醋混合。

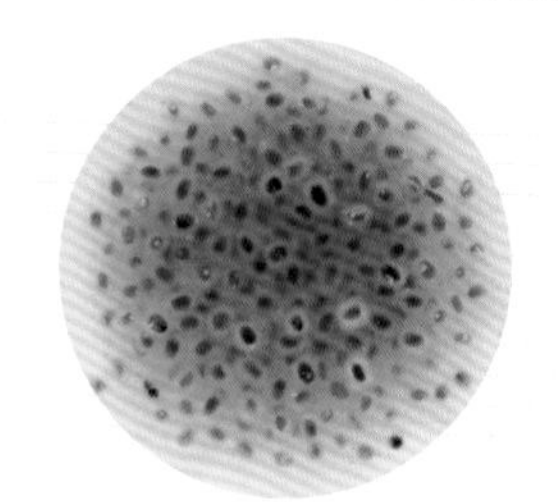

羅勒籽調味汁

料理刊載●生麩水菜沙拉　羅勒籽調味汁→ p.55

材料（便於製作的分量）
羅勒籽1/2小匙、高湯3大匙、淡味醬油1小匙、味醂1小匙

作法
在高湯中放入羅勒籽，泡漲後加入剩餘的材料混合。

白味噌美乃滋

料理刊載●芋頭沙拉→ p.56

材料（比例）＊
美乃滋2：白味噌1

作法
依照上述的比例充分混合材料。
＊這是搭配「芋頭沙拉」的配方（相對於芋頭10的比例）。

海苔調味汁

料理刊載●豆腐沙拉　海苔調味汁→ p.57

材料（比例）
海苔的佃煮2：濃味醬油1：高湯1：味醂1

作法
依照上述的比例，充分混合所有材料。

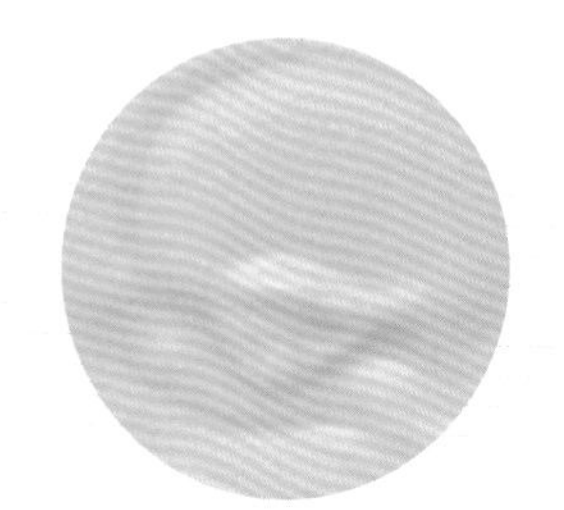

豆腐調味醬

料理刊載●什錦豆沙拉　豆腐調味醬→ p.57

材料（便於製作的分量）
木綿豆腐1/16塊、芝麻醬1大匙、味醂1大匙、鹽少量、高湯適量

作法
1　過濾木綿豆腐。
2　在1的豆腐中，加芝麻醬、味醂和鹽混合，以1大匙高湯為標準加入其中稀釋。若整體感覺太硬，補充適量的高湯加以調整。

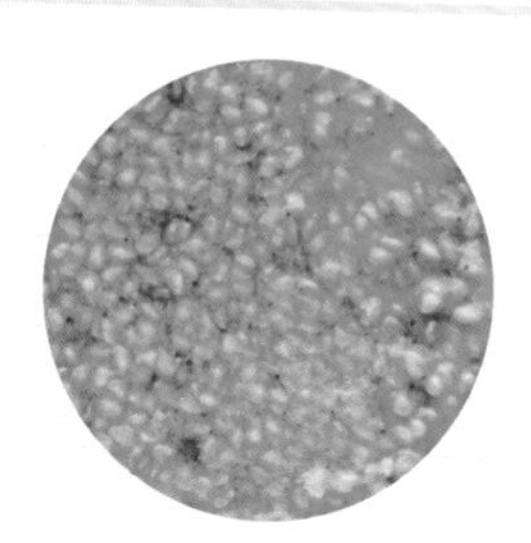

利久調味醬

料理刊載●海藻雪見沙拉　利久調味醬→ p.59

材料（便於製作的分量）
芝麻糊300g、濃味醬油270ml、醋225ml、酒．味醂各90ml、砂糖75g、薑汁少量、麻油50ml、炒芝麻．柴魚．昆布各適量

作法
1　濃味醬油、酒和味醂煮沸後，立即加柴魚和昆布，熄火直接放涼，過濾。
2　將1和其他全部材料充分混合。

抹茶調味汁

料理刊載●白肉魚七彩沙拉　抹茶調味汁→ p.60

材料（便於製作的分量）
洋蔥調味汁90ml、抹茶2g、熱水20ml

作法
1 將洋蔥調味汁的材料（洋蔥泥1又1/2個、中式高湯50g、麻油150ml、檸檬汁150ml、砂糖100g、蜂蜜50ml、鹽10g、鮮味調味料少量、黑芝麻少量、昆布高湯1000ml）充分混合。
2 抹茶用熱水調勻，和1的洋蔥調味汁90ml充分混合。

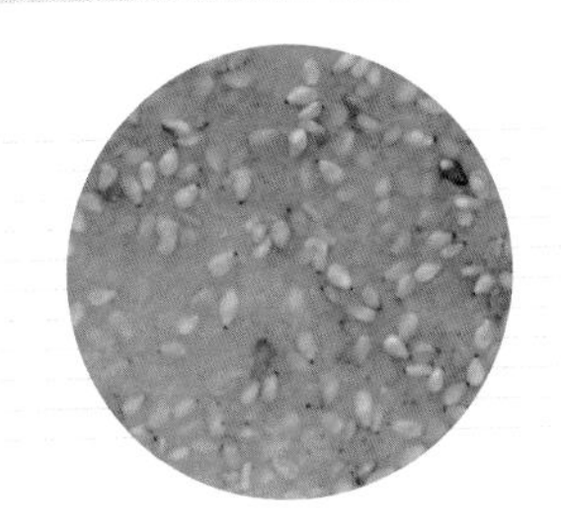

味噌調味醬

料理刊載●山菜沙拉　味噌調味醬→ p.61／茖蔥和魩仔魚釜揚沙拉　味噌調味汁→ p.78

材料（便於製作的分量）
西京味噌200ml、醋・麻油・煮切酒各100ml、蜂蜜少量、炒芝麻100g

作法
用醋融化西京味噌，和其他材料一起充分混合。

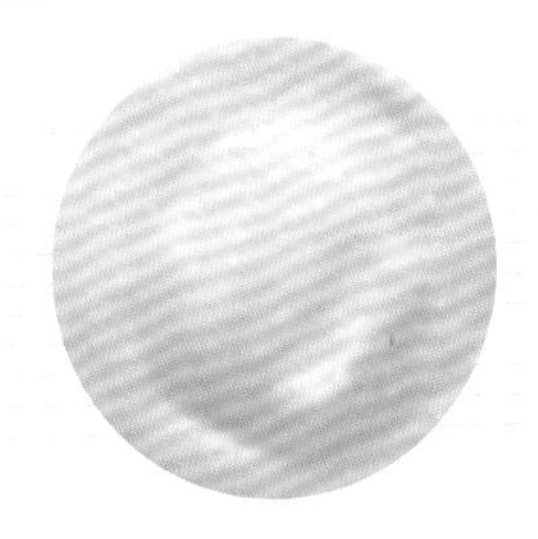

優格調味醬

料理刊載●熟成蔬菜沙拉　優格調味醬→ p.63

材料（便於製作的分量）
優格（原味）60g、梅肉1大匙、薤5粒、橄欖油120ml

作法
薤切末，和其他全部材料充分混合。

大和調味汁

料理刊載●松前沙拉　大和調味汁→ p.64

材料（比例）
大和味噌1：加辣椒的橄欖油1

作法
將大和味噌和加辣椒的橄欖油充分混合。

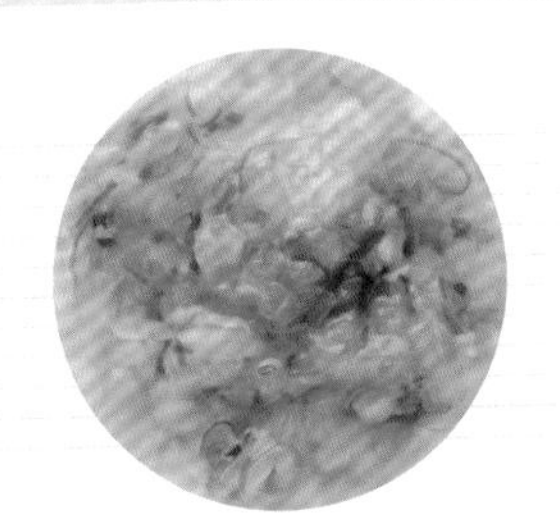

味噌南蠻調味醬

料理刊載●岩津蔥沙拉　味噌南蠻調味醬→ p.65

材料（便於製作的分量）
青蔥3把、洋蔥1個、鹽7小匙、白味噌50g、淡味醬油100ml、味醂100ml、沙拉油1000ml

作法
1 青蔥切蔥花，洋蔥切末。
2 將1和其他所有材料充分混合。

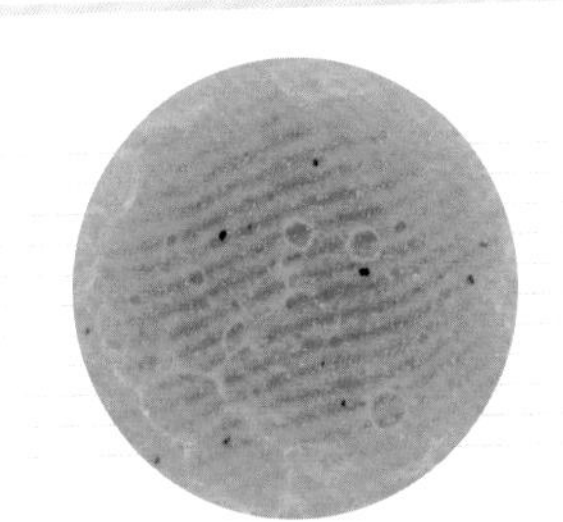

櫻花調味汁

料理刊載●花沙拉　櫻花調味汁→ p.66

材料（便於製作的分量）
櫻花（鹽漬）適量、櫻桃5個、沙拉油150ml、淡味醬油・醋各50ml

作法
1 鹽漬櫻花泡水去鹽，只取花瓣。
2 將全部材料混合，放入果汁機充分混合。

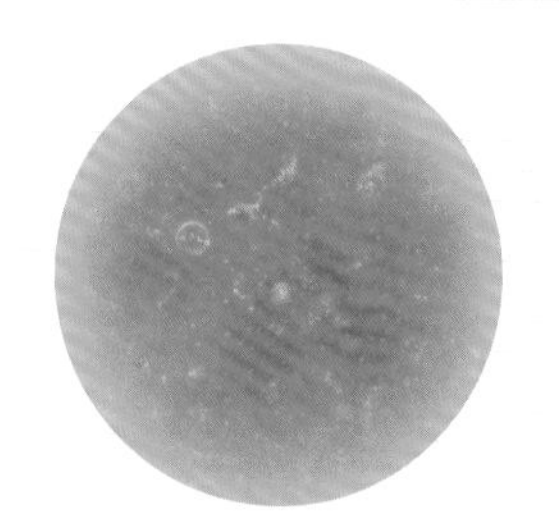

金山寺味噌調味汁

料理刊載●三種小沙拉→ p.67

材料（便於製作的分量）
金山寺味噌20g、沙拉油150ml、淡味醬油50ml、醋50ml

作法
將全部材料充分混合。

土佐醋凍調味汁

料理刊載●三種小沙拉→ p.67

材料（便於製作的分量）
土佐醋凍150ml、沙拉油50ml

作法
1 土佐醋的材料（醋・水各900ml、味醂・酒各360ml、淡味醬油720ml、砂糖350g）加熱，煮沸時加入柴魚（適量），熄火，過濾。
2 製作土佐醋凍。1的土佐醋360ml和高湯180m混合、加熱，加入用水泡軟的吉利丁片5g煮融，放涼。
3 在2的土佐醋凍150ml中加沙拉油混合。

豆奶美乃滋調味醬

料理刊載●炸蔬菜沙拉　豆奶美乃滋調味醬→ p.68

材料（便於製作的分量）
豆奶200g、美乃滋36g、白芝麻醬24g、炒芝麻15g、醋5ml、砂糖4g、濃味醬油5ml、七味辣椒適量

作法
豆奶和美乃滋混合，再和其他全部材料充分混合。

豆腐美乃滋

料理刊載●春蔬菜沙拉　豆腐美乃滋→ p.70

材料（便於製作的分量）
豆腐美乃滋（市售品）15g、橄欖油10ml

作法
將全部材料充分混合。

糟漬起司調味醬

料理刊載●葉牛蒡海蜇山蒜沙拉
糟漬起司調味醬→ p.72

材料（便於製作的分量）
起司（卡門貝爾起司）・白味噌各適量、明太子・橄欖油各適量

作法
1 起司用布包起來，埋入白味噌中醃漬1週。
2 明太子去薄皮，弄散。
3 使用時將1切小丁，和2一起盛入料理中，再淋橄欖油。

優格胡麻調味醬

料理刊載●烤蔬菜胡椒木芽沙拉
優格胡麻調味醬→ p.73

材料（便於製作的分量）
優格60g、芝麻糊25g、橄欖油120ml、砂糖10g、鹽少量

作法
將全部材料混合，用果汁機充分攪勻。

絹豆腐調味醬

料理刊載●蔬菜棒　絹豆腐調味醬→ p.74

材料（便於製作的分量）
絹豆腐400g、芝麻糊1小匙、白味噌1大匙、煮切味醂3大匙、淡味醬油1小匙，鹽2小匙、砂糖2小匙、優格（整體量的）20%

作法
1 絹豆腐瀝除水後過濾。
2 將1和其他所有材料充分混合。

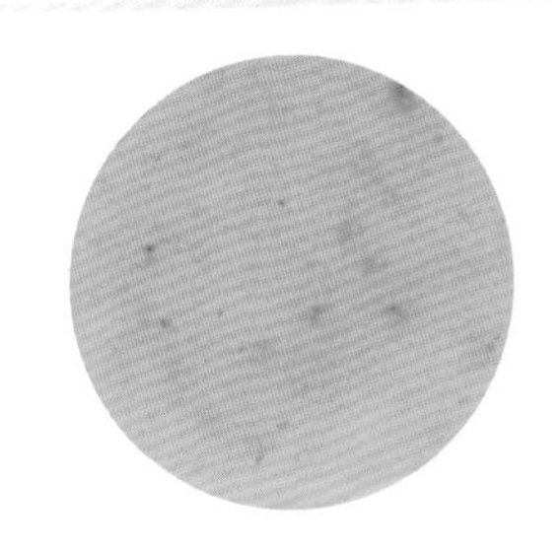

豆奶調味醬

料理刊載●釜揚玉筋魚和烤鮭魚
春蔬菜沙拉　豆奶調味醬→ p.75

材料（比例）
豆奶調味醬（市售品）1：橄欖油1

作法
在豆奶調味醬中加等量的橄欖油充分混合。

鐵火味噌調味汁

料理刊載●春蔬菜熱沙拉
鐵火味噌調味汁→ p.77

材料（便於製作的分量）
鐵火味噌20g、沙拉油50ml、醋15ml

作法
1 將鐵火味噌的材料（八丁味噌300g、味醂90ml、酒300ml、砂糖100g、蛋黃5個、柴魚50g）放入鍋中，約攪拌20分鐘再過濾。
2 將1的鐵火味噌20g和沙拉油、醋一起充分混合。

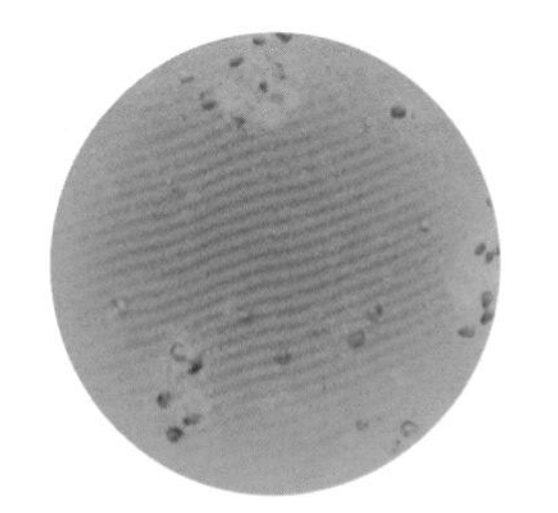

草莓調味汁

料理刊載●蔬菜涼粉　四種調味汁→ p.81

材料（便於製作的分量）
草莓5粒、醋30ml、沙拉油30ml、蜂蜜10ml、鹽・胡椒各少量

作法
將全部材料用果汁機充分混合。

檸檬調味汁

料理刊載●蔬菜涼粉　四種調味汁→ p.81

材料（便於製作的分量）
檸檬汁50ml、沙拉油50ml、鹽3g、蜂蜜10ml、白醬油・黑胡椒各少量、橄欖油2滴

作法
將全部材料充分混合。

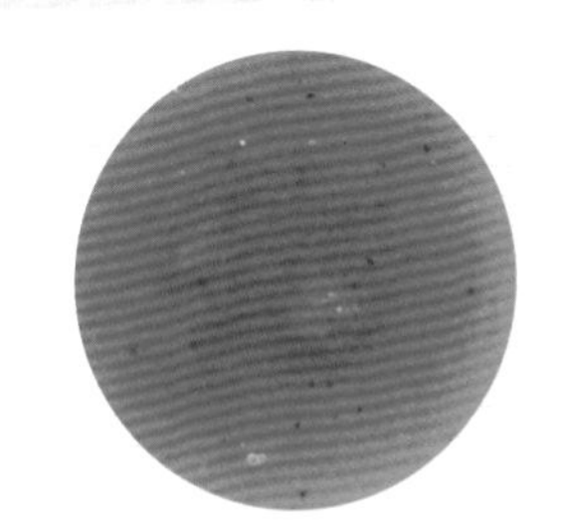

蔬菜調味汁

料理刊載●蔬菜涼粉　四種調味汁→ p.81

材料（便於製作的分量）
胡蘿蔔・洋蔥・番茄各1/2個、砂糖20g、鹽1g、淡味醬油・醋各60ml、沙拉油150ml

作法
1 蔬菜去皮，切成容易用果汁機攪打的大小。
2 將全部材料放入果汁機充分混合。

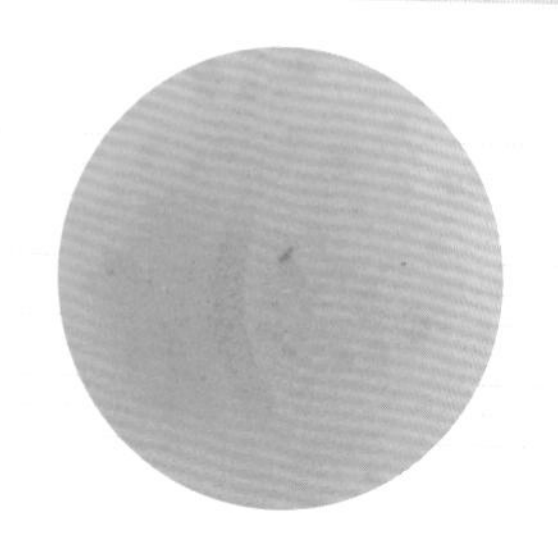

苦橙調味汁

料理刊載●蔬菜涼粉　四種調味汁
→ p.80・81

材料（便於製作的分量）
苦橙汁50ml、沙拉油50ml、鹽3g、蜂蜜10ml、白醬油・黑胡椒各少量、橄欖油2滴

作法
將全部材料充分混合。

陸蓮根調味醬

料理刊載●豆腐皮大原木捲　陸蓮根調味醬
→ p.82

材料（便於製作的分量）
秋葵10根、砂糖20g、鹽1g、淡味醬油60ml、醋60ml、沙拉油150ml

作法
1 秋葵用鹽（分量外）揉搓，水煮後過冷水，用刀剁碎。
2 將全部材料充分混合。

薄蜜凍

料理刊載●什錦蔬菜沙拉　薄蜜凍→ p.83

材料（便於製作的分量）
水1800ml、砂糖300g、吉利丁片9g

作法
1 在水中放入砂糖煮融。
2 在1中加入泡水回軟的吉利丁片，融化後放涼。

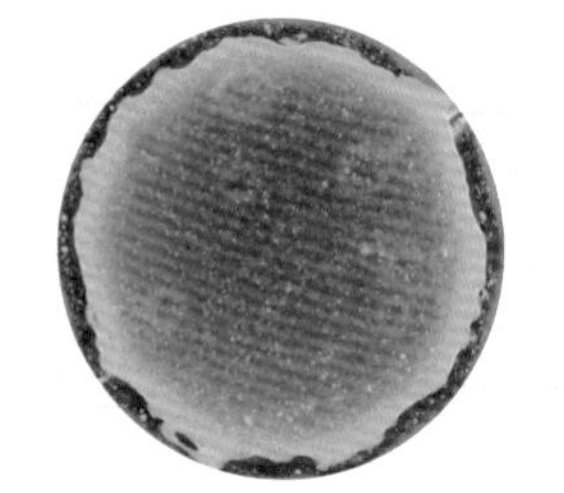

鹽漬烏賊調味汁

料理刊載●自助式熱蔬菜沙拉→ p.84

材料（便於製作的分量）
鹽漬的高湯50ml、沙拉油2大匙、濃味醬油1大匙

作法
1 在鍋裡煮鹽漬的高湯的材料（鹽漬烏賊180ml、酒180ml）。
2 將1的鹽漬的高湯50ml和其他所有材料充分混合。

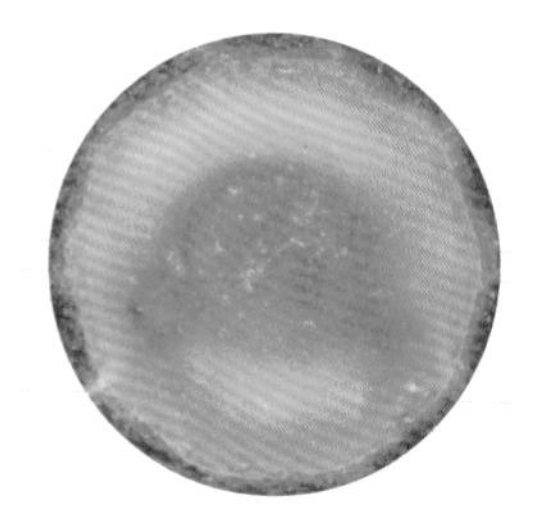

魚露調味汁

料理刊載●自助式熱蔬菜沙拉→ p.84

材料（便於製作的分量）
魚露＊50ml、醋50ml、沙拉油100ml、胡麻油少量

作法
將全部材料充分混合。

＊魚露／石川縣能登的特產品，魚醬油的一種。主要是在烏賊內臟中加鹽發酵製成。一般作為沾料醬油或燉煮料理的調味料使用。

烏魚子調味汁

料理刊載●自助式熱蔬菜沙拉→ p.84

材料（便於製作的分量）
烏魚子＊15g、沙拉油150ml、淡味醬油50ml、醋50ml

作法
烏魚子磨泥，再和其他所有材料充分混合。

＊烏魚子／是鹽漬鯔魚卵巢再乾燥製成的珍味。因外形類似中國的唐墨（良質墨），因此在日本被稱為唐墨。一般是去薄皮切塊，直接稍微烘烤即可食用。

RECIPE

作法和解說

Les Sens

店東兼主廚　**渡邊健善**

香草和剛採新鮮蔬菜配米舒芙蕾
香草油醋醬

彩圖在第7頁

◉材料（便於製作的分量）
喜歡的蔬菜〔紅菊苣（Radicchio Rosso）*、紅苦苣（trevise）、萵苣纈草（mache）、芥末菜（譯註：新種芥菜）、卡斯特佛蘭科斑紋菊苣（Radicchio Variegato di Castelfranco）、紫芥菜、冰花（Mesembryanthemum Crystallinum）、紅葉萵苣、白芝麻菜（Rucola selvatica）*＝上述各適量〕、迷你小番茄*・黃番茄各適量、米舒芙蕾*3塊、**香草油醋醬**適量

紅菊苣

迷你小番茄

香草油醋醬 ……………………………………… 第85頁

材料（便於製作的分量）／蒔蘿3g、迷迭香5g、義大利巴西里3g、百里香3g、芝麻菜3g、橄欖油150g、白葡萄酒醋50g、鹽適量、白胡椒適量、裝飾用香草〔蒔蘿、迷迭香、義大利巴西里、百里香＝上述各適量〕

❶芝麻菜以外的香草用沸水汆燙一下。
❷汆燙好的香草充分瀝除水分，和芝麻菜、橄欖油、白葡萄酒醋混合，用果汁機攪碎。
❸加鹽和胡椒調味，盛入容器中，插上裝飾用的香草。

◉作法
1 準備喜歡的蔬菜，所有蔬菜撕成易食用的大小。
2 在容器中盛入撕碎的蔬菜和炸米舒芙蕾。
3 佐配上插了新鮮香草的**香草油醋醬**。

Memo
•紅菊苣／它是義大利料理中常用的蔬菜，為菊苣的一種。吃起來有淡淡的苦味，大多加熱後使用。
•白芝麻菜／芝麻菜的一種。
•迷你小番茄／顧名思義，它是一種直徑不到1cm的極小番茄。增添料理的色彩或作為裝飾配料時非常實用。
•米舒芙蕾／紫米100g洗淨，用電鍋如平常一樣炊煮，煮好的紫米薄薄地鋪在淺鋼盤中，放入蒸氣對流式烤箱中，以92℃約烘乾30分鐘。在蔬菜盛盤前再油炸，稍微撒點鹽。

伊比利豬肉凍、醃菜和胡蘿蔔慕斯沙拉百匯

彩圖在第8頁

◉材料（便於製作的分量）
伊比利豬肉凍適量、蔬菜・香草〔紅菊苣、冰花＊、義大利巴西里、蒲公英嫩芽、迷迭香、紫蘇花穗、蔬菜芽＝上述各適量〕、醃菜（胡蘿蔔、洋蔥、紅洋蔥）適量、胡蘿蔔慕斯適量

胡蘿蔔慕斯 ……………………………………第85頁

材料（便於製作的分量）／胡蘿蔔（剔除硬芯）200g、奶油適量、鮮奶100g、鮮奶油180g、鹽・胡椒各少量

❶胡蘿蔔去皮，剔除硬芯，切片用奶油拌炒。炒軟後加鮮奶煮。
❷用果汁機攪打①，攪打成糊狀後弄涼。
❸用打蛋器將鮮奶油攪打成八分發泡。
❹打發的鮮奶油和②混合，加鹽和胡椒調味。（也要考慮肉凍和醃菜的鹹味來斟酌鹽量）

◉作法
1 伊比利豬肉凍切成易食用的四方塊。
2 醃菜分別切成易食用的大小。
3 在冰淇淋百匯用的玻璃杯中，放入2的醃菜，上面再放上1的肉凍，接著擠入胡蘿蔔慕斯。
4 在**胡蘿蔔慕斯**上插上蔬菜和香草。

Memo
●冰花／原產於南非的蔬菜，歐洲人們自古以來即食用。特色是植株表面覆著閃閃發亮的顆粒，吃起來有顆粒感，帶有淡淡的鹹味。

冰花

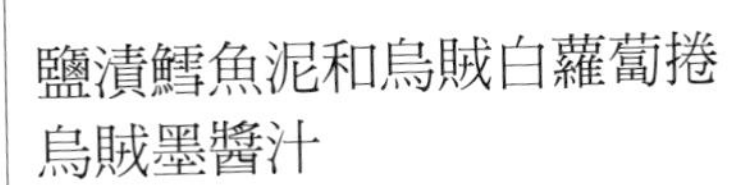

鹽漬鱈魚泥和烏賊白蘿蔔捲 烏賊墨醬汁

彩圖在第9頁

◉材料（便於製作的分量）
馬鈴薯120g、鱈魚（魚片）120g、鮮奶適量、大蒜2片、鮮奶油80g、EXV.橄欖油50g、鹽・胡椒各適量、白蘿蔔適量、烏賊（小）1尾、烏賊墨粉＊適量、裝飾用蔬菜、香草〔甜菜、蒔蘿、胡蘿蔔、白蘿蔔、油菜花，白芝麻菜、卡斯特佛蘭科斑紋菊苣＝上述各適量〕、烏賊墨醬汁適量

烏賊墨醬汁 ……………………………………第85頁

材料（便於製作的分量）／烏賊墨汁10g、白葡萄酒15g、洋蔥（切末）20g、番茄40g、大蒜（切末）2瓣、美乃滋100g、鮮奶油80g

❶番茄剔除種子切丁。
❷將洋蔥、番茄、烏賊墨汁、大蒜和白葡萄酒混合，以中火加熱，約煮10分鐘後用細目網篩過濾。
❸等②涼了之後，和美乃滋及稍微打發的鮮奶油混合。

◉作法
1 製作鹽漬鱈魚泥（brandade）。馬鈴薯去皮，切成適當的大小，用鹽水煮熟，稍微壓碎。
2 在鱈魚片上撒鹽靜置約5小時，用水洗淨後再用鮮奶煮。
3 大蒜用冷水煮沸換水再煮共3次後，用鮮奶油再煮，然後倒入果汁機中攪打成泥狀。加入橄欖油、鹽和胡椒混合。
4 將1、2、3充分混勻。
5 白蘿蔔延外環削薄片，用沸水煮一下。烏賊處理好後，也用沸水煮一下。
6 用切薄片的白蘿蔔，將4的鹽漬鱈魚泥和烏賊腳包成長方形，讓腳從邊端露出，製成白蘿蔔捲。
7 在容器中鋪入**烏賊墨醬汁**，放上6的烏賊蘿蔔義大利麵捲。撒上烏賊墨粉，再裝飾上香草和切絲的蔬菜。

Memo
●烏賊墨粉／將**烏賊墨醬汁**30g、蛋白40g、低筋麵粉60g、鹽少量全部充分混合，盛入耐熱容器中，放入180℃的烤箱中約烤8分鐘變酥脆。將它放入食物調理機中攪打成粉末狀。

古斯古斯和文蛤的海藻油醋醬

彩圖在第10頁

◉材料（便於製作的分量）
文蛤（大）＊1個、古斯古斯（couscous）適量、黑豆・橙色小扁豆各適量、胡蘿蔔・馬鈴薯各適量、白葡萄酒適量、蒔蘿・百里香・義大利巴西里各適量、海藻絲（海藻petit marine）適量、紫蘇花穗・白木耳、綜合海藻各少量、海藻油醋醬適量

海藻油醋醬 ……第85頁

材料（便於製作的分量）／綜合海藻20g、文蛤蒸煮汁80g、檸檬汁25g、橄欖油100g、鹽・胡椒各少量

❶海藻泡水回軟，充分瀝除水分，切碎。
❷將文蛤的蒸煮汁、檸檬汁、橄欖油和①的海藻充分混合。
❸加鹽和胡椒調味（海藻有鹹味，注意斟酌鹽的分量）。

◉作法
1 文蛤用白葡萄酒、水適量（分量外）、蒔蘿、百里香和義大利巴西里蒸煮。貝殼打開後，取出肉切半。這時殘留在鍋裡的湯汁可用於**海藻油醋醬**中。
2 將古斯古斯、黑豆和橙色小扁豆蒸熟。
3 將胡蘿蔔和馬鈴薯用水煮熟，切小丁。
4 文蛤肉、2和3加**海藻油醋醬**混合。
5 在容器中鋪入泡水回軟的白木耳和海藻，上面放上文蛤殼，殼上放上4。
6 再裝飾上紫蘇花穗和海藻絲。

Memo
・文蛤／味道和蛤蜊類似的外來種貝類。和蛤蜊及蛤仔相比，可用較實惠的價錢就能買到。也能拿來製作燜烤料理或文蛤巧達濃湯等。

烤黑胡椒麵皮包蔬菜蒜味辣醬汁

彩圖在第10頁

◉材料（便於製作的分量）
芋頭1個、五月皇后馬鈴薯1個、小洋蔥1個、蠶豆（連豆莢）1個、黑胡椒麵團＊適量、蒜味辣醬汁適量

蒜味辣醬汁 ……第86頁

材料（便於製作的分量）／紅椒1個、大蒜泥30g、蛋黃1個、馬鈴薯泥60g、橄欖油100g

❶紅椒放在網架上直接用火烤，表面烤黑後過冰水，將表面烤焦的皮去除乾淨。
❷將①的紅椒去除蒂頭和種子，用果汁機攪打成糊狀。
❸在②中加大蒜泥、蛋黃、馬鈴薯泥混合，一面混合，一面慢慢加入橄欖油，讓其乳化成美乃滋狀。

◉作法
1 用黑胡椒麵團分別包住連皮的芋頭、五月皇后馬鈴薯和小洋蔥。
2 將蠶豆從豆莢中取出，用擀成豆莢形的黑胡椒麵團包住蠶豆。
3 將包好麵團的蔬菜，放入180℃的烤箱中烤20分鐘。中途放入蠶豆的豆莢，烤焦表面作為裝飾用。
4 從烤箱中取出，打開一部分的麵團後盛盤，佐配上**蒜味辣醬汁**。

Memo
・黑胡椒麵團／將黑胡椒20g磨碎、高筋麵粉200g、水100g、蛋白1個和鹽20g充分混拌。混勻的麵團放入冰箱約冷藏2小時讓它鬆弛，再用擀麵棍擀開。

野菜沙拉串

彩圖在第11頁

◉材料（便於製作的分量）
義大利麵10～12根、喜歡的蔬菜〔牛蒡、蓮藕、四季豆、甜菜、馬鈴薯、羅馬花椰菜＊、蕪菁甘藍（Rutabaga）＊、白花椰菜＝上述各適量〕、黃番茄1個、迷迭香1枝、紫蘇花穗1枝、蒔蘿1枝、菠菜馬鈴薯球（gnocchi）適量、鹽・粉紅胡椒各適量、橄欖醬（tapenade）適量

橄欖醬 ……第86頁

材料（便於製作的分量）／黑橄欖100g、蒜泥1瓣、鯷魚30g、帕瑪森起司20g

黑橄欖剔除種子，和蒜泥、鯷魚和帕瑪森起司一起放入果汁機中充分攪打均勻。

◉作法
1 義大利麵用170℃的油油炸。
2 將牛蒡、蓮藕、四季豆、甜菜、馬鈴薯、羅馬花椰菜和白花椰菜用水煮熟，切成一口大小。
3 用1的義大利麵，刺上用水煮好的2的蔬菜、黃番茄和菠菜馬鈴薯球。
4 在容器中放入鹽，插上用義大利麵刺上的蔬菜，撒上粉紅胡椒粉，佐配**橄欖醬**。

Memo
・羅馬花椰菜（又稱寶塔花椰菜）／它是綠花椰菜和白花椰菜交配出的蔬菜。具有淡淡的甜味，適合用來製作沙拉、醃菜等簡單的料理。
・蕪菁甘藍／又稱為瑞典蕪菁，為西洋蕪菁的一種。皮為黃褐色。特色是肉質細緻，燉煮易爛。

蕪菁甘藍

羅馬花椰菜

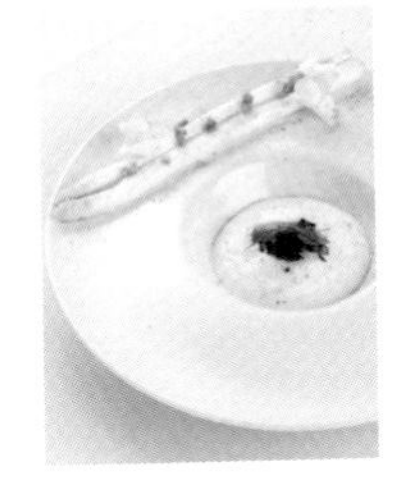

法國產白蘆筍泡沫慕斯 柳橙粉風味

彩圖在第12頁

◉材料（便於製作的分量）
白蘆筍（法國產）3根、生海膽少量、蒔蘿・紅蓼各少量、橄欖油適量、雞高湯適量、鹽・胡椒各少量、鮮奶油適量、食用花（edible flower；裝飾用）少量、柳橙粉適量

柳橙粉 ……第86頁

材料（便於製作的分量）／柳橙皮100g、糖漿100g

❶柳橙皮用冷水開始煮起，煮沸後用網篩撈起，再用冷水煮至沸騰，如此重複3次。
❷在水中加入糖漿，放入①的柳橙皮煮20～30分鐘。
❸將②取出弄乾。途中，將一部分的柳橙皮切末備用。
❹橙皮乾燥後（切末的皮先保留），放入食物調理機中攪打成粉狀，再加入切末的柳橙皮混合使用。

◉作法
1 白蘆筍2根用沸水煮熟。
2 將1的白蘆筍中的1根，切片，用橄欖油炒到變軟。
3 炒好後用雞高湯煮軟，再用果汁機攪打後過濾。
4 將3放涼，和鮮奶油、鹽、胡椒少量一起放入發泡器（Espuma）中，打發成泡沫狀。
5 在容器中盛入發泡的白蘆筍，上面裝飾生海膽、蒔蘿和紅蓼。
6 在旁邊配上1的白蘆筍，撒上**柳橙粉**，裝飾上食用花。

豆皮包燻雞
糖煮薑

彩圖在第13頁

◉材料（便於製作的分量）

燻雞＊3塊、豆皮3片、喜歡的蔬菜〔紅菊苣、義大利巴西里、蒲公英嫩芽、白蘿蔔、胡蘿蔔、甜菜、紅葉萵苣、食用油菜花＝上述各適量〕、糖煮薑＊適量、生薑美乃滋＊適量

蒲公英嫩芽

◉作法

1 白蘿蔔、胡蘿蔔、甜菜去皮，切絲。

2 燻雞肉切成易食用的厚度。

3 紅菊苣切成易咀嚼的細度再縱切。

4 豆皮捲成圓錐形，裡面放入2的燻雞肉和3、糖煮薑，切成適當長度的義大利巴西里、紅葉萵苣、蒲公英嫩芽和生薑美乃滋，豎著放入玻璃杯中。

5 裝飾上食用的油菜花。

Memo

•燻雞／雞胸肉60g，整體撒上鹽和胡椒。在平底鍋中鋪入櫻木屑片，上面放上網架。網架上放上雞胸肉，加蓋用小火燻12分鐘。燻好的雞肉放入烤箱中，表面烤成焦黃色。

•糖煮薑／生薑100g去皮，切絲，從冷水開始煮，煮沸後倒在網篩上。這樣的步驟重複3次。第4次加入煮好的生薑、砂糖和水約煮30分鐘，放在網篩上放涼（這裡的煮汁用於生薑美乃滋中。）

•生薑美乃滋／生薑20g去皮磨泥，糖煮薑的煮汁少量、美乃滋、檸檬汁少量一起充分混合。

糖煮薑

蔬菜脆片和棉花糖

彩圖在第14頁

◉材料（便於製作的分量）

蔬菜〔蓮藕、南瓜、胡蘿蔔、紅薯、紫薯、甜菜、高麗菜、紫色小松菜＊＝上述各適量〕、〔番茄乾、百里香、月桂葉（生）、蒔蘿、義大利巴西里、食用花＝以上各適量〕、卡馬格鹽之花（Camargue fleur de sel）＊適量、辣椒粉、粉紅胡椒各適量，棉花糖適量

◉作法

1 蓮藕、南瓜、胡蘿蔔、紅薯、紫薯、甜菜切薄片，用加鹽的沸水煮一下。

2 將高麗菜葉、紫小松菜葉，和1不要重疊攤放在烤盤上，用92℃的對流式烤箱約烤2個半小時讓其乾燥。途中，烤箱門扇打開3～4次，讓蔬菜蒸發出的水蒸氣從烤箱中散失，讓蔬菜烤得漂亮又酥脆。

3 用棉花糖機製作棉花糖。

4 在容器中放入棉花糖，考慮棉花糖上整體的色彩，放上蔬菜脆片、新鮮香草和食用花。

5 在棉花糖周圍，撒上鹽之花、粉紅胡椒和辣椒粉。

Memo

•紫色小松菜／葉梗、葉脈呈鮮麗紫紅色的小松菜。柔軟、澀味少，口感佳，很容易食用。

•卡馬格鹽之花／法國卡馬格地區特產的岩鹽。具有淡淡的甜味，能夠突顯料理的味道。

紫色小松菜

烤蔬菜和綠豌豆慕斯千層派

彩圖在第15頁

◉材料（便於製作的分量）

蔬菜〔新高麗菜、紅蔥、洋蔥、胡蘿蔔、甜菜、白蘿蔔（切絲）、冰花、卡斯特佛蘭科斑紋菊苣＊＝上述各適量〕、小茴香少量、奶油、蜂蜜各適量、檸檬汁適量、糖煮檸檬＊適量、橄欖油適量、酥片＊2片、綠豌豆慕斯適量

綠豌豆慕斯 ……………………………………第86頁

材料（便於製作的分量）／綠豌豆200g、鮮奶油180g、鹽．胡椒各適量

❶綠豌豆用加少量鹽的熱水煮過，用果汁機攪打後過濾。
❷鮮奶油攪打成八分發泡。
❸將②的鮮奶油和①混合，加鹽和胡椒調味。

◉作法

1 將新高麗菜葉、紅蔥、洋蔥放入180℃烤箱中約烤4分鐘。
2 胡蘿蔔用小茴香、蜂蜜、奶油和檸檬汁混合成的醬汁來煮。煮好後，胡蘿蔔上放小茴香，以180℃的烤箱約烤4分鐘。
3 甜菜切成適當的薄度，用加鹽的熱湯煮。煮好後用烤箱烤。
4 將1～3烤好的蔬菜，用糖煮檸檬、檸檬汁和橄欖油混合成的醃漬液醃半天左右。
5 在盤中盛入醃好的蔬菜，上面放上酥片，再放上**綠豌豆慕斯**。
6 慕斯上放上卡斯特佛蘭科斑紋菊苣、冰花和白蘿蔔絲，再蓋上酥片。

Memo

•酥片／將低筋麵粉、奶油、橄欖油、水、鹽和胡椒各少量充分混合，製作麵糊。將平底鍋加熱，放上直徑8cm的中空圈模，裡面薄薄淋上麵糊後烘烤。
•糖煮檸檬／檸檬皮切絲，放入冷水中煮沸後換水，共煮3次後，用糖漿再煮。
•卡斯特佛蘭科斑紋菊苣／它與紅苦苣同類，特色是乳白色葉上有紅紫色條紋花樣。如玫瑰花般盛開的外形深具魅力。適合用於苦味少的沙拉中。

卡斯特佛蘭科斑紋菊苣

Cascina Canamilla

料理長 **岡野健介**

綠蘆筍和帕瑪森起司

彩圖在第17頁

◉材料（4人份）
綠蘆筍（粗）4根、鵪鶉蛋8顆、帕瑪森起司（Parmigiano Reggiano）（粉）100g、帕瑪森起司（塊）50g、鮮奶油100g、鮮奶325g、蛋黃醬汁適量

蛋黃醬汁 ……………………………………………… 第86頁

材料／蛋黃2個、EXV.橄欖油適量（約150ml）、水少量、白葡萄酒醋少量、鹽少量

❶將蛋黃放入小鋼盆中，用手持式攪拌機一面混合，一面慢慢加入橄欖油讓其融合。
❷材料充分乳化變濃稠後，加水稀釋。加白葡萄酒醋和鹽調味。

◉作法
1 切除蘆筍根部較硬的部分，保留穗尖去皮。削下的皮保留備用。
2 將1的蘆筍下面1/3切下並切絲，用水浸泡。剩餘的2/3用沸水煮一下。
3 將1的蘆筍皮煮到變軟，用果汁機攪打後用網篩過濾，製成蘆筍泥。
4 煮沸醋水，朝一個方向混拌形成漩渦，在其中打入鵪鶉蛋，煮至半熟後，將蛋取出放入冰水中。涼了之後剔除凝固成線狀的蛋白，將球狀的蛋黃輕輕的擦乾水分。
5 製作帕瑪森起司泡沫慕斯，帕瑪森起司（粉）用粗目網篩過濾。鮮奶油攪打成八分發泡後放入冰箱冰涼備用。
6 在鍋裡煮沸鮮奶，熄火，用打蛋器一面混合帕瑪森起司粉，一面慢慢加入使其融化，用圓錐形網篩過濾，充分放涼。
7 待6完全變涼後，和5打發的鮮奶油混合，加鹽調味，放入發泡器的瓶子裡，注入二氧化碳讓它充分發泡備用。
8 製作帕瑪森起司恰達餅＊。帕瑪森起司塊切薄片，排放在烤焙紙上，放入175℃的烤箱約烤5分鐘直到變酥脆。
9 在盤子上鋪上3的蘆筍泥。將在2煮好的蘆筍分切為3～4截，用橄欖油和鹽調味，盛入盤子中。
10 將4的鵪鶉蛋也同樣地用橄欖油和鹽調味，盛入9中。
11 淋上**蛋黃醬汁**，再放上7的帕瑪森起司泡沫慕斯，8的帕瑪森起司恰達餅，最後放上用鹽和橄欖油調味好的2的切絲蘆筍。

Memo

・恰達餅（cialda）／「cialda」為義大利語，是一種類似威化餅（wafer）的輕薄烘烤甜點。這裡是以切薄片的帕瑪森起司烤到酥脆製成。

香煎白蘆筍和拉斯克拉起司松露芳香

彩圖在第18頁

◉材料（4人份）

白蘆筍8根、鵪鶉蛋8顆、黑松露5g、肉高湯（Brodo di carne）20g、EXV.橄欖油少量、水少量、拉斯克拉醬汁（rasquera sauce）適量

拉斯克拉醬汁 ……第86頁

材料（便於製作的分量）／拉斯克拉起司100g、鮮奶油150ml、蛋黃1個

❶拉斯克拉起司切方塊，和鮮奶油半量（75ml）一起用微波爐加熱煮融。

❷剩餘的鮮奶油75ml用鍋煮沸，加入①用打蛋器充分混合。

❸煮沸後轉小火，試試味道，若太鹹加鮮奶油（分量外）調味，熄火，加蛋黃充分混合。蛋黃完全混合後，用小火加熱至稍微沸騰，再用網篩過濾。

◉作法

1 製作香煎白蘆筍。白蘆筍切除根部較硬的部分，去皮。

2 在平底鍋中倒入橄欖油，放入1的白蘆筍。稍微煎至上色後加少量水，加蓋燜煎。

3 鵪鶉蛋打入醋水中水煮，製成水煮蛋，剔除多餘的蛋白部分，用熱水保溫備用。

4 將2的白蘆筍切成適當的長度，盛入容器中，放上3的鵪鶉蛋。依序淋上加熱的**拉斯克拉醬汁**、肉高湯，最後放上削好的松露。

茴香片和柳橙
鹽漬真鯛

彩圖在第19頁

◉材料（4人份）
真鯛100g、茴香（fennel）1根、柳橙1/2個、鹽適量、EXV.橄欖油適量、柳橙醬汁適量、粉紅胡椒適量、蒔蘿適量

柳橙醬汁 ……………………………………………第87頁

材料（便於製作的分量）／柳橙1又1/2個、水麥芽1大匙

❶擠出柳橙汁。
❷將①的柳橙汁用網篩過濾，放入鍋中，加水麥芽開火熬煮，煮到變濃稠後離火放涼。

◉作法
1 真鯛的兩面塗上2.5%的鹽，至少靜置2小時備用。
2 擦乾1的真鯛表面的水分後，切薄片。
3 茴香也切薄片，稍微撒點鹽和橄欖油讓它入味。
4 柳橙去皮，切片。
5 在盤中盛入魚，依序放入4的切片柳橙、茴香，淋上**柳橙醬汁**。撒上粉紅胡椒和蒔蘿。

烤番茄　橄欖油風味
布瑞達起司　羅勒香味

彩圖在第20頁

◉材料（4人份）
小番茄（大）20個、大蒜2瓣、百里香2枝、橄欖4個、麵包粉少量、橄欖油適量、鹽少量、砂糖少量、布瑞達起司醬汁適量、羅勒醬汁適量

布瑞達起司醬汁 ……………………………………第87頁

材料（便於製作的分量）／布瑞達（Burrata）起司＊1個、鮮奶油50ml、橄欖油少量、鹽少量

用果汁機攪打布瑞達起司，加入煮沸的鮮奶油攪拌，再加橄欖油和鹽調味後放涼。

羅勒醬汁 ……………………………………………第87頁

材料（便於製作的分量）／羅勒1盒、冰塊1個、松子5顆、橄欖油適量

在果汁機中放入羅勒，加入冰塊、松子和橄欖油攪打變細滑即可。

◉作法
1 小番茄泡熱水去皮，縱切去除蒂頭部分，剔除裡面的種子。
2 在淺鋼盤中鋪入烤焙紙，塗上少量橄欖油，放上1的番茄、搗碎的大蒜1瓣和百里香。在番茄上撒上鹽和砂糖，放入120℃的烤箱中烤10分鐘。烤好後，充分放涼備用。
3 將麵包粉和剩餘搗碎的大蒜，放入平底鍋中稍微拌炒。
4 在2的番茄盤中，分別慢慢淋上**布瑞達起司醬汁**及**羅勒醬汁**，最後撒上3的麵包粉。

Memo
●布瑞達起司／和莫札瑞拉（mozzarella）起司類似的南義大利產新鮮起司。

焗烤義大利節瓜和白醬
牛肝菌醬汁和土耳其細麵
迷迭香香味

彩圖在第21頁

◉材料（4人份）
義大利節瓜2條、土耳其細麵30g、◇白醬〔奶油10g、麵粉（00粉型＊）10g、鮮奶100ml、鹽少量、帕瑪森起司少量〕、帕瑪森起司適量、鮮奶100ml、迷迭香1枝、牛肝菌醬汁適量

牛肝菌醬汁 ……………………………………第87頁

材料（便於製作的分量）／乾燥牛肝菌10g、肉高湯50g、麵粉（00粉型＊）5g、橄欖油適量

❶乾燥牛肝菌泡水回軟，切碎，和肉高湯一起稍微燉煮。
❷麵粉（00粉型）和橄欖油開火加熱，一面混拌，一面讓它們融合至沒有粉末感，製作油糊（roux），放入①的高湯中融合以增加濃度。

◉作法
1 義大利節瓜縱切一半，分別切成3等份，挖除種子部分。
2 將1放入平底鍋中煎至上色。
3 製作「白醬」。在鍋裡融化奶油，放入麵粉10g充分攪拌混合，使其融合無殘留粉末。慢慢加入已加熱的鮮奶100ml，加鹽和帕瑪森起司調味。
4 在義大利節瓜凹陷處放入3，撒上帕瑪森起司。
5 土耳其細麵用油清炸後，撒鹽備用。
6 鮮奶100ml煮沸後熄火，放入迷迭香加蓋，約燜10分鐘讓香味釋入鮮奶中。
7 將4的義大利節瓜放入開放型烤箱（salamandre）中，一面烘烤，一面讓表面出現烤色。
8 將6的鮮奶用義式咖啡機的蒸氣加熱煮沸，製作奶泡。
9 在盤子上放上7的義大利節瓜，裝飾上5。淋上**牛肝菌醬汁**，放上8的奶泡。

Memo
●00粉型／義大利麵粉。義大利麵粉的分類，不像日本稱為「高、中、低」筋麵粉，它們有硬質小麥和軟質小麥之分，一般使用的是蛋白質較少的軟質小麥。依據不同的磨法，區分為「00粉」、「0粉」等，最細的麵粉為「00粉」。

柳橙、葡萄柚堅果沙拉

彩圖在第22頁

◉材料（4人份）
捲葉萵苣1片、食用蒲公英葉・綜合蔬菜嫩葉等喜歡的葉菜適量、柳橙1/2個、葡萄柚（白・紅寶石）各1/4個、杏仁片10片、可可粒5g、開心果5g、榛果5g、鹽少量、橄欖油少量、柳橙醬汁（p.106）適量

◉作法
1 捲葉萵苣、蒲公英葉等葉菜放在水中浸泡使其口感變清脆，撕成一口大小。
2 柳橙和葡萄柚從薄皮中取出果肉，切片備用。
3 杏仁、榛果和開心果，放入175℃的烤箱中烤5～10分鐘備用。可可粒切碎備用。
4 在容器中盛入1的葉菜，放上3的堅果、可可、2的切片柳橙和葡萄柚，用鹽和橄欖油調味。最後淋上**柳橙醬汁**。

甜椒茄子派
番茄雪酪

彩圖在第23頁

◉材料（4人份）

◇甜椒慕斯〔紅、黃甜椒各1個、洋蔥1/2個、鮮奶油100ml、吉利丁10g、橄欖油、鹽各適量、茄子（大）2條、水適量〕、◇番茄雪酪〔番茄約8個（泡熱水去皮，剔除種子，用果汁機攪打成泥時成為800g的量）、水麥芽80g、鹽適量、安定劑2g、萊姆汁5～6滴〕、水芹2枝、紅、黃甜椒各1/2個、EXV.橄欖油・鹽各適量

◉作法

1 製作「甜椒慕斯」。甜椒清洗乾淨，切丁，洋蔥切厚片備用。吉利丁用水泡軟備用。
2 在鍋裡放入橄欖油和1的洋蔥拌炒一下，稍微炒透後，放入1的甜椒稍微撒點鹽，再拌炒一下。
3 途中若材料快炒焦，倒入能蓋住材料的水，用小火煮到變軟。水分變少後，再加入適量的水。
4 約煮40分鐘讓材料變軟，水分收乾。
5 將4放入果汁機中攪打後，加入鮮奶油、回軟的吉利丁攪打變細滑，加鹽調味後用網篩過濾。
6 茄子去皮，縱向切成1cm的厚片，清炸後徹底瀝除油分，撒鹽備用。
7 製作「番茄雪酪」。番茄泡熱水去皮，剔除種子，用果汁機攪打成糊狀，用網篩過濾。
8 鍋中放入半量的7的番茄糊和水麥芽，加熱至90℃，再加入剩餘的番茄，加鹽和萊姆汁調味。
9 待8涼了之後，加入安定劑，放入冰淇淋機中製成雪酪。
10 組裝。在中空圈模的內側，緊貼鋪入6的茄子，倒入少量5的甜椒慕斯，重複鋪入茄子約2～3層後，最上面倒入甜椒慕斯，放入冰箱冷卻凝固。
11 甜椒切末，加橄欖油和鹽稍微調味。
12 將10的茄子甜椒派脫模，盛入盤子中。撒上11的甜椒，放上9的番茄雪酪，最後裝飾上水芹。

蘋果和拉斯克拉起司沙拉

彩圖在第24頁

◉材料（4人份）

蘋果1個、拉斯克拉起司＊（和蘋果等量）適量、核桃少量、檸檬汁1/2個、鹽少量、葡萄乾少量、喜歡的葉菜適量

◉作法

1 蘋果去皮，剔除果核，和拉斯克拉起司一起分別切成同樣大小的小丁。
2 核桃稍微切碎。葡萄乾泡水回軟備用。
3 所有材料放入鋼盆中，用檸檬汁和鹽調味。
4 將蘋果和拉斯克拉起司切成小丁，盛入容器中，撒上剩餘的核桃和葡萄乾，再放上葉菜裝飾。

Memo

- 拉斯克拉起司／義大利皮耶蒙提（Piemonte）地區的傳統半硬質型起司。
- 起司改用同樣產於皮耶蒙提的熟成型托馬起司（Toma）也很美味。

番紅花風味飯和蔬菜橄欖沙拉

彩圖在第25頁

◉材料（4人份）
卡納羅利（Carnaroli）米＊60g、番紅花2小匙、水適量、A〔胡蘿蔔1/2條、芹菜1/2根、義大利節瓜1/3條、紅黃甜椒各1/4個〕、綠橄欖5～6個、托馬起司＊50g、鹽適量、橄欖油適量、白葡萄酒醋適量、檸檬汁適量

◉作法
1 在鍋裡放入大量的水和番紅花，放入沒洗的卡納羅利米，開火水煮。查看色澤，再補充番紅花。
2 煮到米心完全熟透，連鍋放入冷水中充分冷卻。涼了之後，將米倒到網篩上充分瀝除水分。
3 將A的蔬菜類全切成0.05公分大小的粗末。橄欖剔除種子，和托馬起司一起切成相同大小。
4 除了3的橄欖以外的蔬菜類，用水稍微煮一下，過冷水，以保留口感。涼了之後充分瀝除水分。
5 將2的米、4的蔬菜和切碎的橄欖、托馬起司放入鋼盆中，加鹽、橄欖油、檸檬汁和白葡萄酒醋調味，盛入容器中。

Memo
•卡納羅利米／義式燉飯用的義大利產大顆日本種米。麩質少，不易發黏。
•托馬起司／義大利皮耶蒙提產的熟成型起司。

生甜蝦和鷹嘴豆奶油 龍蒿芳香

彩圖在第25頁

◉材料（4人份）
甜蝦12尾、◇鷹嘴豆奶油〔鷹嘴豆（乾的）100g、鹽・橄欖油・胡椒各少量〕、萊姆皮1個份、鹽、胡椒各適量、EXV.橄欖油適量、龍蒿醬汁適量

龍蒿醬汁 ……………………第87頁
材料（便於製作的分量）／龍蒿1/2盒、義大利巴西里（和龍蒿等量）、冰塊1顆、EXV.橄欖油

分別摘下龍蒿和義大利巴西里的葉片，僅葉子放入果汁機中攪打，加入冰塊和橄欖油攪拌。

◉作法
1 製作「鷹嘴豆奶油」。鷹嘴豆泡水一晚回軟備用。
2 回軟的鷹嘴豆，用水徹底洗淨，放入鍋中，倒入能蓋住豆子的水，開火加熱約煮3小時直到變軟為止。
3 待2稍微變涼後，用果汁機攪打成糊狀。煮汁保留少量備用。
4 加鹽、橄欖油和胡椒調味，用保留的煮汁調節濃度，再攪打直到變細滑，放涼備用。
5 萊姆皮切末，放入100℃的烤箱中約烤15分鐘讓它變乾後，用果汁機攪打成粉狀。
6 甜蝦去頭、殼和尾，切半，剔除背腸。
7 將4的鷹嘴豆奶油裝入擠花袋中，儘量呈球狀擠在容器中。
8 6的甜蝦稍微撒點鹽和橄欖油，放在7的上面。
9 倒入**龍蒿醬汁**，放上切成菱形的龍蒿葉（分量外），最後撒上5的萊姆粉。

四季旬菜 江南春

Shikishunsai Konanshun

會長 王 世奇

茼蒿海螺沙拉

彩圖在第27頁

◉材料（2人份）
海螺60g、茼蒿10g、洋蔥嫩芽少量、紅芥菜（red mustard）1片、芥末籽美乃滋3大匙、海藻珠適量

芥末籽美乃滋 ……………………………………第87頁
材料（便於製作的分量）／美乃滋100g、乾羅勒少量、芥末籽醬適量、無糖煉乳40g

將全部材料充分混合即成。

◉作法
1 海螺用鹽（分量外）搓洗，以70℃～75℃的熱水迅速汆燙，瀝除水分。
2 將1的海螺用**芥末籽美乃滋**調拌。
3 在容器中鋪入紅芥菜，盛入2，佐配洋蔥嫩芽，撒上海藻珠。

白菜和酥炸白魚沙拉

彩圖在第28頁

◉材料（2人份）
白魚30g、黃芯白菜＊（或白菜）100g、鹽3g、沙拉菠菜＊15g、沙拉油（炸油）、高筋麵粉（麵衣用）適量、辣椒絲適量、A〔長蔥（切絲）8g、生薑絲3g、大蒜（切絲）2g、柚皮切絲少量、鹽2g、砂糖1g、胡椒少量〕、B〔蝦油1大匙、黑醋1/2小匙〕

萬能醬油 ……………………………………第88頁
材料（便於製作的分量）／江南醬油＊．濃味醬油、砂糖、蠔油．酒各適量

在江南醬油中，混入濃味醬油、砂糖和蠔油。

蝦油 ……………………………………第88頁
材料（便於製作的分量）／蝦頭、蝦膏．沙拉油各適量

❶用大約140℃（低溫）的沙拉油，炸蝦頭和蝦膏5～6分鐘，炸到蝦殼變酥脆後，將油溫升至180℃，立刻撈出蝦殼。
❷鍋子離火，直接保存。讓油呈紅色且含有蝦子香味。

◉作法
1 黃芯白菜（白菜）切1cm寬的細條，放入鋼盆中，加鹽揉搓以釋出水分。
2 將1水洗，用餐巾紙包住擰擠般擠除水分。
3 在2中加入菠菜葉和A所有的材料混合。再加B調拌均勻。
4 在白魚上撒上高筋麵粉，拍除多餘麵粉後，放入180～190℃的油中炸至酥脆。
5 在容器中盛入3的蔬菜，放上4的白魚，裝飾上辣椒絲。

Memo
●江南醬油／以濃味醬油、蠔油和砂糖混合熬煮成的店家自製醬油。
●沙拉菠菜／改用鴨兒芹、香菜等香味蔬菜也很美味。
●黃芯白菜／白菜的一種。菜芯是黃色，味道甜。也可以使用白菜。

海扇貝豆豉風味沙拉

彩圖在第29頁

◉材料（1人份）

海扇貝1個、大蒜（切末）10g、豆豉醬少量、喜歡的海藻適量、水菜5g、白芹菜5g、紫高麗菜少量、豆豉醬汁適量

豆豉醬汁 ……第88頁

材料（便於製作的分量）／豆豉醬＊（已過篩）35g、鹽湯＊20g、萬能醬油（p.111）15g、沙拉油50g

將全部材料充分混合。

◉作法

1 將海扇貝殼打開，切下貝肉，剔除肝。在貝肉上，放上大蒜末和豆豉醬，放入冒蒸氣的蒸鍋中。蒸4～5分鐘讓貝肉稍微收縮，即可取出以餘熱繼續加熱。

2 水菜和白芹菜，分別切大塊。紫高麗菜切碎。

3 在容器中放上貝殼，盛入2的蔬菜，淋上**豆豉醬汁**，放上海藻，再盛入1的海扇貝。

海扇貝放上大蒜和豆豉醬汁再蒸，完成後更芳香。

Memo

●鹽湯／在比海水稍淡的鹽水中，放入高湯粉融化，該店主要是當作調味料，事先將食材調味時使用。

●豆豉醬／拌炒切粗末的大蒜和生薑，混合同樣粗切末的豆豉即成。

海鮮沙拉 梅調味汁

彩圖在第30頁

◉材料（2人份）

烏賊、章魚各適量、蝦1尾、綜合蔬菜嫩葉10g、水菜10g、萵苣5g、紫高麗菜5g、梅調味汁4大匙、蓮藕片2片

梅調味汁 ……第88頁

材料（便於製作的分量）／梅肉（剁碎的）30g、砂糖15g、醋25g、胡椒少量、沙拉油70g、蜂蜜5g

將全部材料充分混合。

◉作法

1 全部蔬菜洗淨，瀝除水分。水菜切大塊，萵苣和紫高麗菜分別切絲。

2 烏賊、蝦和章魚分別事先處理好後，用沸水汆燙備用。

3 在容器中盛入綜合蔬菜嫩葉和水菜各半量、萵苣和紫高麗菜，淋上2大匙的**梅調味汁**。

4 在3上放上剩餘的綜合蔬菜嫩葉和水菜，配上燙好的烏賊、蝦和章魚。

5 在4上淋上2大匙**梅調味汁**即完成。

Memo

●淋調味汁時，不只沙拉的表面，裡面也要淋上調味，才能吃到最後都美味。

在沙拉上淋兩次調味汁，使其調味均勻。

三種餃子沙拉

彩圖在第31頁

◉材料（1人份）
萵苣10g、綜合蔬菜嫩葉7g、胡蘿蔔・青椒・紅椒・紫洋蔥・綜合蔬菜嫩葉各7g、◇韭菜餃〔豬絞肉、韭菜（切粗末）各適量、濃味醬油、酒、蠔油各適量〕、◇白菜餃〔白菜、豬絞肉各適量、濃味醬油・酒・蠔油各適量〕、◇冬瓜餃〔冬瓜（切末）、香菇（切末）、乾蔥（切末）、青蔥（切末）各適量、豬絞肉適量、濃味醬油・酒・蠔油各適量、餃子皮適量、梅乃滋調味汁適量

梅乃滋調味汁 ……第88頁

材料（便於製作的分量）／梅肉（剁碎）50g、砂糖30g、美乃滋35g、蜂蜜8g、醋30g、沙拉油少量

將全部材料充分混合。

◉作法
1 萵苣用手撕碎。胡蘿蔔、青椒、紅椒和紫洋蔥分別切絲。
2 製作3種餃子。分別混合材料製作3種餡料，用餃子皮包好。
3 在煮沸的熱水中放入2的水餃，約煮3分鐘。
4 在容器中盛入1的蔬菜，淋上**梅乃滋調味汁**，盛上2的水餃。水餃不沾醬直接享用。

豬腳綠花椰菜沙拉

彩圖在第32頁

◉材料（2人份）
豬腳＊70g、綠花椰菜70g、紅芯白蘿蔔30g、醋橘1/4個、油淋調味汁3小匙

油淋調味汁 ……第88頁

材料（便於製作的分量）／濃味醬油45g、砂糖50g、辣油10g、醋50g、麻油10g、蔥（切末）少量、生薑（切末）少量

鍋裡放入全部的材料混合開火加熱，煮沸後熄火。

◉作法
1 豬腳切大塊。
2 綠花椰菜分切成小株，切得和豬腳大致相同大小，用沸水汆燙一下，瀝除水分備用。
3 紅芯白蘿蔔切成扇形薄片，泡水讓口感爽脆，充分瀝除水分。
4 在容器中盛入1～3，在蔬菜上淋上**油淋調味汁**，佐配醋橘。

Memo

●豬腳／豬腳用鹽醃漬3小時，放入加鹽（比海水稍濃的鹽分濃度）的水中煮2小時。之後燻製約1個半小時後放涼。

蟹腳奶油醬汁和沙拉的洋蔥調味汁

彩圖在第33頁

◉材料（2人份）
雪蟹腳2根、小甘藍菜（petit vert）2個、粉紅蘿蔔嬰7g、甜椒適量、櫻桃蘿蔔1個、上海蟹蟹黃奶油醬汁*適量、**洋蔥調味汁**3小匙

洋蔥調味汁 ……………………………………第89頁

材料（便於製作的分量）／洋蔥（切末）1/2個、蘋果（磨泥）1/3個、濃味醬油45g、醋30g、砂糖15g、黑胡椒少量、沙拉油50g

將全部材料充分混合。

◉作法
1 小甘藍菜放入加少量油（分量外）的沸水中汆燙。甜椒切方塊。粉紅蘿蔔嬰和櫻桃蘿蔔水洗後，瀝除水分。
2 蟹腳放在耐熱盤上，蓋上保鮮膜，約微波加熱1分鐘。這時釋出的湯汁保留備用（高湯）。
3 在容器中盛入1的蔬菜，放上2的蟹腳。
4 在蔬菜上淋上**洋蔥調味汁**，在蟹腳上淋上海蟹蟹黃奶油醬汁。

Memo

- 蔬菜用加了少量油的沸水汆燙，使其泛出光澤。
- 上海蟹蟹黃奶油醬汁／在加入油的鍋裡，以小火拌炒高筋麵粉，炒到快要變黃色之前，加入螃蟹湯汁（用微波爐加熱時流出的湯汁），加鮮奶油和蟹黃再煮一下即可。

炸醬麵香草沙拉

彩圖在第34頁

◉材料（2人份）
中華麵（生麵）120g、豬絞肉（粗絞）30g、長蔥（切末）1/2大匙、大蒜（切末）1/2大匙、蔥油2大匙、A〔濃味醬油2大匙、蠔油1大匙、砂糖1/2大匙、八丁味噌3大匙、酒適量〕、香菜・蔥白切絲各適量、柚子皮切絲少量

◉作法
1 綜合蔬菜嫩葉洗淨，瀝除水分，鋪在容器中備用。計算中華麵完成的時間，才開始汆燙。
2 在鍋裡加熱蔥油，加豬絞肉、蔥末和蒜末，以大火拌炒。
3 蔥和大蒜的香味散出後，加入A和汆燙好的中華麵以大火如調拌般拌炒。
4 中華麵上裹上調味料，全部都上色後，盛入1的容器中，配上切大塊的香菜和蔥白絲，再裝飾上柚子皮絲。

四季豆XO沙拉

彩圖在第35頁

◉材料（2人份）
四季豆70g、菊苣4片、XO醬3大匙

XO醬 ……………………………………………第89頁

材料（便於製作的分量）／XO醬1又1/2大匙、蔥油1小匙、江南醬油（p.111）1/2小匙

將全部材料充分混合。

◉作法

1 四季豆切除兩端，用加了油（分量外）的熱水汆燙，顏色變鮮豔後撈出，瀝除水分。
2 用**XO醬**調拌1的四季豆。
3 在容器中鋪入菊苣，盛入2的四季豆和**XO醬**。

Memo

・四季豆用加了少量油的熱水汆燙，能散發光澤。

中式鮑魚沙拉

彩圖在第36頁

◉材料（1人份）
鮑魚（連殼）1個、雪菜花＊40g、芥末菜15g、櫻桃蘿蔔適量、鮑魚肝醬汁適量　◇醬油膏〔雞骨高湯50ml、蠔油10g、萬能醬油（p.111）5g、調水的日式太白粉適量、蔥油、麻油各適量〕

鮑魚肝醬汁 ……………………………………第89頁

材料（便於製作的分量）／肝（蒸過再過濾）20g、萬能醬油（p.111）10g、砂糖15g、沙拉油40g、花山椒粉2g

將全部材料充分混合。

◉作法

1 鮑魚用刷子沾鹽塗刷再水洗，去殼，從貝肉上取下韌帶、口部和肝。保留肝用於醬汁中。
2 將1的鮑魚肉放回殼中，連殼放入冒蒸氣的容器中，約蒸3分30秒。
3 雪菜花放入加少量油（分量外）的熱水中汆燙，瀝除水分，切大塊。芥末菜切大塊。櫻桃蘿蔔切片過水，瀝除水分。
4 製作「醬油膏」。在鍋裡放入雞高湯、蠔油和**萬能醬油**混合，以大火加熱，煮沸後倒入已適量調水的日式太白粉增加濃稠度，再加適量的蔥油和麻油增加風味。
5 在容器中盛入3的蔬菜，淋上**鮑魚肝醬汁**。
6 在5上盛入2的鮑魚，淋上熱的醬油膏。

鮑魚炊蒸的火候是烹調重點。若蒸得太硬美味會減半，請注意勿過度炊蒸。

Memo

・雪菜花／雪菜為十字花科的蔬菜，雪菜花是其嫩花蕾的莖部。也可用油菜花取代。

牡蠣豆腐皮天婦羅沙拉

彩圖在第37頁

◉材料（2人份）

牡蠣（大粒）2個、高筋麵粉適量、乾豆腐皮適量、沙拉油（炸油）適量、水菜、綜合蔬菜嫩葉各5g、萵苣、紅洋蔥各少量、檸檬片2～3片、柚子胡椒調味汁適量

柚子胡椒調味汁 ……………………………… 第89頁

材料（便於製作的分量）／柚子胡椒45g、濃味醬油15g、砂糖10g、醋15g、麻油10g、洋蔥（切末）1/2個、沙拉油50g

將全部材料充分混合。

◉作法

1 水菜切大塊，萵苣切絲。紅洋蔥切片，綜合蔬菜嫩葉洗淨，瀝除水分備用。

2 在煮沸的熱水中放入牡蠣，出現浮沫後撈起，湯汁倒掉。

3 再次在鍋裡煮沸水，放入牡蠣氽燙一下，牡蠣的皺褶散開後即撈起（a）。

4 在3上沾撒上高筋麵粉（b），再裹上切絲的乾豆腐皮（c），放入180℃的油中，炸到麵衣呈黃褐色（d）。

5 在容器中盛入1的蔬菜，鋪上檸檬片，盛入4的牡蠣豆腐皮天婦羅。在蔬菜上淋上**柚子胡椒調味汁**。

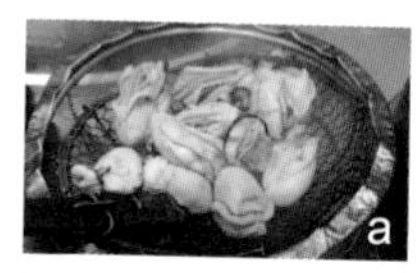
a

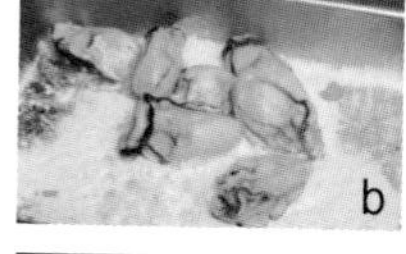
b

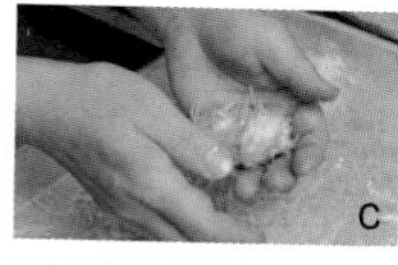
c

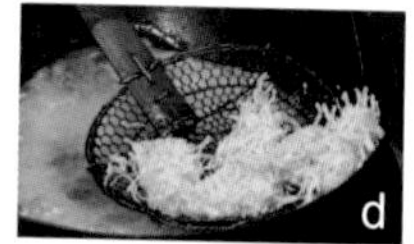
d

象拔蚌中式沙拉

彩圖在第37頁

◉材料（2人份）

象拔蚌1個

水菜・迷你蘆筍・油菜花各適量、長蔥（切末）少量、生薑（切末）少量、蔥油1大匙、辣味調味汁適量

辣味調味汁 ……………………………………… 第89頁

材料（便於製作的分量）／水150ml、番茄汁300ml、砂糖110g、番茄醬60g、鹽10g、韓國辣味噌80g、醋15g、豆瓣醬30g、洋蔥（切末）30g、沙拉油80g

將全部材料充分混合。

◉作法

1 象拔蚌去殼，切下內臟和蚌肉（水管部分）。蚌殼保留作為盤飾使用。

2 在70～80℃的熱水中，放入1的象拔蚌肉（水管部分）氽燙約30秒，過冷水使肉質緊縮，去皮切薄片。注意不可氽燙得太久。

3 在2的象拔蚌上，放上混合的長蔥和生薑末，淋上充分加熱的蔥油。

4 將油菜花放入加少量油（分量外）的熱水中氽燙，迷你蘆筍也同樣放入加少量油（分量外）的熱水中氽燙。水菜切大塊，過冷水，瀝除水分。

5 在容器中放上4的蔬菜，盛入3的象拔蚌。在蔬菜上淋上**辣味調味汁**。

美味菜、青江菜和烏賊沙拉

彩圖在第38頁

◉材料（2人份）

擬目烏賊1尾、A〔生薑（切末）1小匙、長蔥（切末）1小匙、山椒油1小匙、鹽適量〕、青江菜、美味菜（譯註：油菜的改良品種）各適量、XO醬適量、甜味噌調味汁適量

XO醬 ……………………………………………… 第89頁

材料（比例）／XO醬3：鹽湯（P.112）1

將全部材料充分混合。

甜味噌調味汁 ………………………………… 第90頁

材料（比例）／八丁味噌100g、砂糖15g、酒20g、麻油40g、濃味醬油10g、沙拉油8g

將全部材料充分混合。

◉作法

1 青江菜在根部劃十字切口。
2 用加少量油（分量外）的熱水氽燙1的青江菜和美味菜，變色後撈起，瀝除水分。
3 將烏賊的身體和腳分開，剔除內臟。身體縱向切細的深切口，身體旋轉90度，和之前的切口呈直角再斜切切口，接著再切塊後，放入沸水中氽燙，形成花紋。
4 在鋼盆中放入3的烏賊，加入A的生薑末，從上面淋上充分加熱的山椒油。再加長蔥末和鹽，整體混拌均勻。
5 將2的蔬菜和4漂亮的盛盤，青江菜上淋上**甜味噌調味汁**，美味菜上淋上**XO醬**。

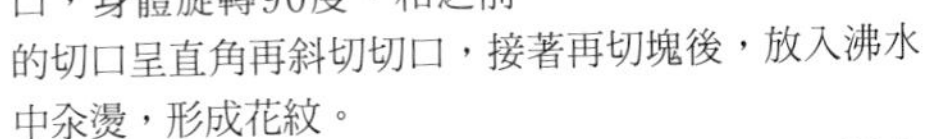

蔬菜用加入少量油（分量外）的熱水氽燙，使色澤更鮮麗可口。

Memo

- 烏賊上淋山椒油時，為保留長蔥的口感，淋上已加熱的山椒油後，再加長蔥。
- 美味菜是十字花科的蔬菜。也可用油菜花取代。

比目魚沙拉

彩圖在第39頁

◉材料（2人份）

比目魚（生魚片用）100g、A〔長蔥蔥綠部分1根、生薑（切片）1片、酒少量〕、蛋黃1個、萬能醬油（p.111）10g、綜合蔬菜嫩葉・紅洋蔥・萵苣・粉紅蘿蔔嬰・鴨兒芹各適量、柚子皮少量、核桃適量

◉作法

1 比目魚淋上A的酒，和A的辛香料一起放入淺鋼盤中，放入冒蒸氣的蒸鍋中約蒸12分鐘後取出，弄碎魚肉備用。
2 紅洋蔥切片，泡水讓口感變脆後，瀝除水分。
3 在容器中鋪入2的紅洋蔥和其他蔬菜，上面放上1，撒上核桃。
4 在3的中央放上蛋黃，淋上**萬能醬油**。

Memo

- 除了比目魚之外，也可用鯛魚、黑鯛、斑石鯛（Oplegnathus punctatus）、鱸魚、紅金眼鯛、馬頭魚等白肉魚製作也很美味。

扁麵沙拉

彩圖在第40頁

◉材料（2人份）
扁麵（生麵）120g、A〔**萬能醬油**（p.111）20g、蔥油8g〕、白斬雞＊30g、洋菜絲5g、香菜・水菜、綜合蔬菜嫩葉各5g、萵苣適量、茴香少量

◉作法
1 洋菜絲泡水約10分鐘回軟，切成易食用的長度。
2 蔬菜全部用水洗淨，瀝除水分。香菜和水菜切大塊，萵苣切絲。
3 白斬雞用手撕成易食用的大小備用。
4 用大量的水煮扁麵3分鐘，用A調拌。
5 在鋼盆中混合1、2、3和4，整體大致調拌。
6 在容器中盛入5，放上茴香點綴。

Memo

●白斬雞／連骨雞腿肉1支加花椒，用如海水鹹的鹽水漬泡約2小時。取出放在網篩上，約陰乾1天半～2天的時間使它變黃。顏色變黃後，放在冒蒸氣的蒸鍋內蒸12～13分鐘。

下仁田蔥沙拉

彩圖在第41頁

◉材料（2人份）
下仁田蔥2根、高麗菜適量、茴香適量、香菜適量、番茄適量、魚醬＊1又1/2大匙

◉作法
1 下仁田蔥1根用火烤，烤到變軟有焦色為止。
2 蔬菜洗淨瀝除水分，高麗菜切絲，香菜切大塊。茴香葉撕成易食用的大小，番茄切粗末。
3 剩餘的另1根下仁田蔥，斜切成易食用的厚度。
4 在容器中鋪入2的蔬菜，依序放入3的蔥→1烤過的蔥。最後，全部淋上魚醬。

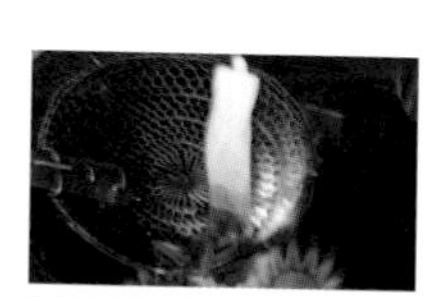
下仁田蔥直接火烤，能呈現黏稠的口感。甜味也大增。

Memo

●魚醬／一種以鹽漬小魚發酵、熟成製成的魚醬油，具有特有的香味。

排骨沙拉
酒糟美乃滋

彩圖在第42頁

◉材料（2人份）
燻排骨＊100g、蔬菜〔水菜5g、萵苣10g、綜合蔬菜嫩葉5g〕、冰花13g、酒糟美乃滋1大匙

酒糟美乃滋 ……………………………………第90頁

材料（便於製作的分量）／酒糟50g、酒40g、沙拉油20g、鹽4g、美乃滋100g、含糖煉乳10g

將全部材料充分混合。

◉作法
1 水菜切大塊。萵苣切絲。蔬菜全部過水，瀝除水分。
2 在容器中盛入1的蔬菜，再放上燻排骨。在蔬菜上淋上**酒糟美乃滋**，最後放上冰花。

Memo
●燻排骨／豬小排骨用醃醬（用酒、砂糖、濃味醬油、洋蔥・大蒜・胡蘿蔔・芹菜各切末，以及巴西里的莖混合製成）約醃漬2小時。取出後，和普洱茶一起放入燻製機中約燻製40分鐘。

燻雞和蒸茄　棒棒雞調味汁

彩圖在第43頁

◉材料（2人份）
茄子1根、秋葵2根、燻雞＊80g、洋蔥嫩芽少量、棒棒雞調味汁適量

棒棒雞調味汁 ……………………………………第90頁

材料（便於製作的分量）／白芝麻醬45g、美乃滋50g、醋15g、砂糖20g、醬油18g、鹽少量

將全部材料充分混合。

◉作法
1 茄子去皮，用蒸鍋約蒸10～12分鐘。秋葵以熱水汆燙。
2 燻雞切成易食用的大小。
3 在容器中盛入1和2，淋上**棒棒雞調味汁**。再放上洋蔥嫩芽裝飾。

Memo
●燻雞／雞腿肉用醃醬（濃味醬油、蠔油、砂糖和酒混合而成）醃漬約2小時。取出後，和普洱茶一起放入燻製機中，以100℃約燻製40分鐘。趁熱在表面塗上蜂蜜以呈現光澤。
●燻雞大多是塗上水麥芽來增加表面光澤，但塗蜂蜜風味更佳，而且味道更清爽。

凱薩風味龍蝦

彩圖在第44頁

◉材料（2人份）

龍蝦1尾、A〔長蔥的蔥綠部分1根、生薑1片、酒少量〕、水菜・綜合蔬菜嫩葉・細香蔥・美味菜各適量、柚子皮少量、特製凱薩調味汁適量

特製凱薩調味汁 ……第90頁

材料（便於製作的分量）／美乃滋45g、優格40g、蜂蜜5g、檸檬汁5g、蒜泥少量、鹽少量、胡椒少量

將全部材料充分混合。

◉作法

1 水菜切大塊。柚子皮切絲。細香蔥和美味菜用加少量油（分量外）的熱水汆燙，瀝除水分，切成易食用的大小。
2 龍蝦和A一起放入淺鋼盤中，用冒蒸氣的蒸鍋約蒸15分鐘。
3 蒸好的龍蝦殼和肉分開。
4 在容器中盛入1的蔬菜，放上3的龍蝦，整體淋上**特製凱薩調味汁**。

番茄風味對蝦 賞雪宴風

彩圖在第45頁

◉材料（2人份）

短溝對蝦（Penaeus semisulcatus）＊（帶頭）2尾、洋蔥1/4個、油少量、A〔大蒜（切片）少量、辣椒（橫切）1根〕、雞骨高湯120ml、酒15ml、番茄汁35ml、鹽・砂糖各少量、嫩筍、油菜花各適量、蛋白1個、蔥白切絲適量、桂花調味汁適量

桂花調味汁 ……第90頁

材料（便於製作的分量）／桂花陳酒30g、水150g、砂糖35g、檸檬汁45g、鹽4g、薑黃少量、沙拉油少量

將全部材料充分混合。

◉作法

1 竹筍的前端連皮直接用沸水約煮40分鐘，去外皮，泡水。油菜花切大塊，用加少量油（分量外）的熱水汆燙。蛋白打發成蛋白霜備用。
2 短溝對蝦去背腸，分開殼和肉，保留有蝦膏的頭備用。
3 在鍋中加少量油，拌炒A直到香味散出，加洋蔥以大火拌炒。
4 洋蔥炒軟後，加雞骨高湯和酒，加熱讓酒精蒸發，加入2的蝦頭。
5 鍋子加蓋，一面轉動鍋子，一面加熱，煮汁熬乾後，加番茄汁、鹽、砂糖和2的蝦肉，再加蓋，一面轉動鍋子，一面加熱，直到湯汁收乾後離火。
6 在容器中盛入1的油菜花和竹筍。竹筍上裝飾上蛋白打發的蛋白霜，油菜花上淋上**桂花調味汁**。盛入5的蝦，放上蔥白絲。

Memo

●步驟5的鍋子加蓋原因是，鍋子一面轉動，一面加熱時，變熱的鍋身上附有煮汁的蒸氣，密封加蓋能使燻製般的香味滲入料理中。

●短溝對蝦／標準日本名稱為「熊蝦」。腳和觸角有紅白條紋花樣，又稱海草蝦。肉質甜美、柔軟，適合用於各種料理中，例如：生魚片、鹽烤、炸物等。

帝王蟹沙拉丼
蔥薑醬料

彩圖在第46頁

◉材料（2人份）
帝王蟹的腳（原味）60g、油菜花．萵苣．洋蔥嫩芽．綜合蔬菜嫩葉各適量、香菜適量、飯1碗、蔥薑醬料適量

蔥薑醬料 ……第90頁
材料（便於製作的分量）／生薑（切末）50g、長蔥（切末）90g、八角1個、鹽適量、沙拉油150g

將全部材料充分混合。

◉作法
1 帝王蟹以熱水約煮10分鐘，去殼取肉。
2 油菜花切大塊，用加少量油（分量外）的熱水汆燙。萵苣切絲。切絲的萵苣、洋蔥嫩芽和綜合蔬菜嫩葉泡水，使其變清脆，瀝除水分備用。
3 在容器中盛入飯，淋上**蔥薑醬料**。盛入2的蔬菜和1的蟹肉，再淋上**蔥薑醬料**，放上香菜。

放上飯和菜料後，都各淋上蔥薑醬料，讓味道融合整體更美味。

鰻魚沙拉

彩圖在第47頁

◉材料（2人份）
鰻魚1尾、醬油3大匙、酒2大匙、沙拉油（炸油）適量、A〔雞骨高湯130ml、醬油40ml、酒30g，粗砂糖50g、青蔥葉1～2根、鹽1g〕、沙拉芹菜．蘘荷各適量、腐乳調味汁1又1/2大匙

腐乳調味汁 ……第91頁
材料（便於製作的分量）／豆腐乳＊20g、腐乳汁5g、萬能醬油（p.111）20g、沙拉油40g

將全部材料充分混合。

◉作法
1 剖開鰻魚腹部，用刀如刮皮般刮除表面的黏液。重複這項作業2次。
2 鰻魚間隔5mm從骨上切切口，再切成5cm寬的塊狀（a）。
3 在鋼盆中放入2的鰻魚，加醬油和酒充分揉拌讓它入味，放入180～190℃的油中油炸。表面炸到恰到好處後撈起。
4 在別的鍋中放入A，以大火加熱。煮沸後加3的鰻魚，一面旋轉鍋子，一面讓水分蒸發。如熬煮般讓鰻魚更入味，水分收乾後離火（b）。
5 沙拉芹菜過水，瀝除水分，盛入容器中。
6 在5上放上4的鰻魚，再放上切絲的蘘荷。
7 在沙拉芹菜上淋上**腐乳調味汁**。

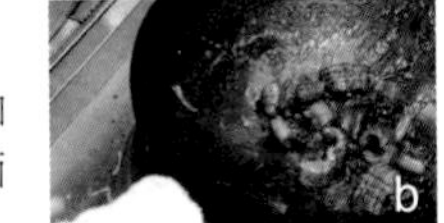

Memo
●豆腐乳／鹽漬的豆腐中加入麴或辛香料等，讓其發酵而成。具有特殊的風味，可直接加入粥中，大多作為調味料使用。

京料理　Yu・Kurashina

Kyoryori Yu・Kurashina

店主　倉科守男・裕美子

生豆腐皮春捲沙拉
胡麻調味汁

彩圖在第49頁

◉材料（1盤份）
剛撈起的豆腐皮1片、金時胡蘿蔔・水菜・紅梗菠菜各適量、蟹腳4支、高湯蛋捲1/8條＊，胡麻調味汁適量

胡麻調味汁 ……………………………………第91頁
材料（便於製作的分量）／炒芝麻20g、砂糖8g、淡味醬油5ml、醋10ml

炒芝麻用研缽充分磨碎後，依序加入砂糖、淡味醬油和醋混合。

◉作法
1 金時胡蘿蔔切絲。水菜配合生豆腐皮的寬度切段。紅梗菠菜用沸水汆燙，過冷水擰乾，配合生豆腐皮的寬度切段。蟹腳用沸水汆燙後，取出肉。
2 用生豆腐皮捲包住1和高湯蛋捲。
3 將2分切成3等分盛入容器中，淋上**胡麻調味汁**。

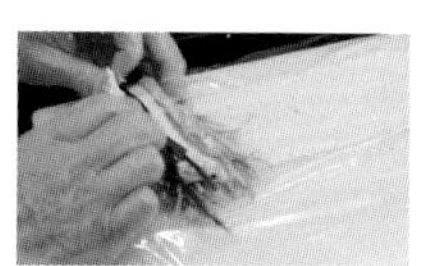
在保鮮膜上鋪上生豆腐皮，放上餡料，可用保鮮膜如竹簾般捲包。

Memo
＊高湯蛋捲／用3個蛋捲製1條的分量。

章魚白蘿蔔沙拉　梅肉調味汁

彩圖在第50頁

◉材料（1盤份）
章魚（腳）1/2支、蔬菜〔萵苣、蘘荷、白蘿蔔、蘿蔔嬰、洋蔥＝上述各適量〕、梅肉調味汁適量

梅肉調味汁 ……………………………………第91頁
材料（便於製作的分量）／梅乾1個、醋1大匙、濃味醬油1大匙、蜂蜜1大匙、脆梅（小）3個

梅乾過濾，加醋、濃味醬油、蜂蜜，和切碎的脆梅混合。

◉作法
1 章魚用水煮熟，過冰水，切成一口大小。
2 萵苣撕成易食用的大小，蘘荷橫切。白蘿蔔切短條，蘿蔔嬰切成易食用的長度。洋蔥切成和纖維呈直角的薄片。
3 在容器中盛入1和2，淋上**梅肉調味汁**。

Memo
●章魚別用沸水煮太久，裡面半生即撈起，完成後口感才會柔軟。

蜂蜜番茄　柚子調味汁

彩圖在第51頁

◉材料（便於製作的分量）
小番茄適量、蜂蜜適量、蠶豆適量、柚子調味汁適量

柚子調味汁 ……………………………………第91頁
材料（便於製作的分量）／高湯180ml、洋菜粉3g、柚子汁60ml、濃味醬油6ml、味醂2ml、砂糖5g、柚子皮（切末）適量

❶在鍋裡放入高湯和洋菜粉，開火加熱煮沸2～3分鐘，讓洋菜完全融化。
❷加入柚子汁、濃味醬油、味醂和砂糖混合後熄火。加柚子皮，倒入容器中，放入冰箱冰涼凝固。

◉作法
1 製作蜜漬番茄。小番茄泡熱水去皮，淋上蜂蜜放入冰箱醃漬一晚備用。
2 蠶豆去薄皮，用沸水汆燙後撈起放涼。
3 **柚子調味汁**切成小丁，和1、2一起盛入容器中。

只要淋上蜂蜜，靜置一晚讓小番茄滲出水分，就成為「蜂蜜醃漬」的狀態。

烤蔥沙拉
橙味醬油調味醬

彩圖在第52頁

◉材料（便於製作的分量）
長蔥適量、鱈魚的魚白適量、橙味醬油調味醬適量

橙味醬油調味醬 ……第91頁
材料（比例）／橙味醬油3：白蘿蔔泥1：蔥芽（或細香蔥）1

橙味醬油中加入白蘿蔔泥及切碎的蔥芽混合。

◉作法
1 長蔥直接用火慢慢將皮烤焦，趁熱去皮，切成適當的大小。
2 魚白用沸水稍微氽燙（過沸水一下，再過冰水）。
3 在容器中盛入1的蔥和瀝除水分的2的魚白，佐配上**橙味醬油調味醬**。

直接用火慢慢烤到表面全黑為止，能夠更增甜味。

Memo
●活用長蔥的外形來盛盤，在烤好的1根長蔥的中央縱向劃切口，在上面放上切好的蔥段和魚白。

海鮮沙拉
芥末調味醬

彩圖在第53頁

◉材料（1盤份）
烏賊20g、斑節蝦2隻、海扇貝柱1個、紅色白蘿蔔、金時胡蘿蔔、芹菜各適量、素麵1/2把、沙拉油適量、芥末調味醬適量

芥末調味醬 ……第91頁
材料（便於製作的分量）／麵露適量、芥末莖適量

❶芥末莖切碎，用沸水煮一下。
❷趁①還熱時，加入冷的麵露。裝入瓶中確實加蓋密封，在常溫中靜置1天備用。放在冰箱約可保存1週。

◉作法
1 素麵用沙拉油適度油炸。
2 烏賊用刀切成格紋花樣，放入沸水中氽燙一下，過冰水。斑節蝦以沸水氽燙，去殼。貝柱從厚度橫切一半。
3 紅色白蘿蔔切扇形片。金時胡蘿蔔削薄片，弄捲胡蘿蔔（延外環削薄片的胡蘿蔔，用筷子等工具捲起塑形），芹菜也同樣地弄捲。
4 在容器中盛入1、2、3，淋上**芥末調味醬**。

素麵中已加鹽，所以炸過之後也可直接作為下酒菜。

毛蛤春沙拉
款冬味噌調味醬

彩圖在第54頁

◉材料（1盤份）
毛蛤（肉和韌帶）1個、灰乾海帶芽適量、食用土當歸、櫻桃蘿蔔・竹筍（水煮）各適量、款冬味噌調味醬適量

款冬味噌調味醬 ……………………………………第92頁
材料（比例）／款冬1：蛋味噌3：砂糖1：醋1

款冬切碎，用少量油（分量外）拌炒，依上述的比例加入蛋味噌、砂糖和醋混合。

◉作法
1 毛蛤細切花後，再距離7～8mm寬切開。
2 海帶芽用沸水汆燙一下，瀝除水分，切成易食用的大小。
3 食用土當歸切花。櫻桃蘿蔔橫切，竹筍切薄片。
4 拍鬆1後盛入容器中，再盛入2和3，淋上**款冬味噌調味醬**。

生麩水菜沙拉
羅勒籽調味汁

彩圖在第55頁

◉材料（1盤份）
生麩（粟）1/2條、沙拉油適量、煮汁〔比例／高湯5：味醂1：濃味醬油1〕、水菜適量、太白麻油適量、羅勒籽調味汁適量

羅勒籽調味汁 ……………………………………第92頁
材料（便於製作的分量）／羅勒籽＊1/2小匙、高湯3大匙、淡味醬油1小匙、味醂1小匙

在高湯中放入羅勒籽，泡脹後加入剩餘的材料混合。

◉作法
1 生麩切成5等分，用沙拉油炸過後，再用高湯、味醂和濃味醬油燉煮。
2 水菜切成易食用的長度，用太白麻油拌炒一下。
3 將2盛入容器中，再放上1，均勻淋上**羅勒籽調味汁**。

Memo
●羅勒籽／羅勒（九層塔）的種子。羅勒籽泡入水中會膨脹，周圍包裹一層凍狀的物質，吃起來呈顆粒的口感。花點工夫，活用其獨特口感，能廣泛用來製作甜點、調味汁等。

芋頭沙拉

彩圖在第56頁

◉材料（1盤份）
芋頭・小黃瓜・蓮藕各適量、車麩2片、芥末菜葉適量、白味噌美乃滋適量

白味噌美乃滋 ……………………………………第92頁
材料（比例）／美乃滋2：白味噌1

依照上述的比例充分混合材料。搭配「芋頭沙拉」的配方（相對於芋頭10的比例）。

◉作法
1 芋頭連皮用水煮熟，趁熱去皮，壓碎。
2 小黃瓜切薄片，用鹽揉搓一下。蓮藕用沸水汆燙一下直接放涼，切扇形片。
3 在1中加入**白味噌美乃滋**混合，再加2的蔬菜，整體大致調拌均勻。
4 在容器中鋪入芥末菜葉，盛入3，配上車麩。

混合後，芋頭自然會碎掉產生黏性。

豆腐沙拉
海苔調味汁

彩圖在第57頁

◉材料（1盤份）
豆腐1/4塊、蘘荷、生薑各適量、蘿蔔嬰（櫻桃蘿蔔）、細香蔥各適量、炒牛蒡＊適量、海苔調味汁適量

海苔調味汁 ……………………………………第92頁
材料（比例）／佃煮海苔2：濃味醬油1：高湯1：味醂1

依照上述的比例，充分混合所有材料。

◉作法
1 蘘荷、生薑分別切細絲。蘿蔔嬰、細香蔥也切成等長。
2 在盤中盛入豆腐，正中央用湯匙舀空，插入1的蔬菜和炒牛蒡，再淋上**海苔調味汁**。

Memo
•炒牛蒡／牛蒡切絲成4～5cm長，拌炒，加砂糖、酒、濃味醬油和切小截的辣椒調味。

什錦豆沙拉
豆腐調味醬

彩圖在第57頁

◉材料（1盤份）
豆類＊〔鷹嘴豆、大紅豆、白菜豆、黑豆、青大豆＝以上全部用水煮，各適量〕、醃牛肉（小）1罐、油菜花（小株）1～2枝、豆腐調味醬適量

豆腐調味醬 ……………………………………第92頁
材料（便於製作的分量）／木綿豆腐1/16塊、芝麻醬1大匙、味醂1大匙、鹽少量、高湯適量

❶過濾木綿豆腐。
❷在①的豆腐中，加芝麻醬、味醂和鹽混合，以1大匙高湯為標準加入其中稀釋。若整體感覺太硬，再補充適量的高湯加以調整。

◉作法
1 將水煮好的豆類混合。
2 油菜花用沸鹽水汆燙。
3 在容器中鋪入醃牛肉，中央稍微弄凹，盛入1的豆類。加上2的油菜花，淋上**豆腐調味醬**。

Memo
• 各種乾豆子分別泡水一晚回軟後，再煮軟。

組合不同顏色、大小的豆子，享受變化的樂趣。

大田忠道　御馳走塾 關所　天地之宿 奧之細道

Ota Tadamichi | Gochisojuku Sekisho | Ametsuchi-no-yado Oku-no-hosomichi

四季之彩・旅籠 館主　**大田忠道**

海藻雪見沙拉
利久調味醬

彩圖在第59頁

◉材料（便於製作的分量）
蔬菜〔紅葉萵苣、水菜、芥末菜＝上述各適量〕、海藻〔海帶芽、紅雞冠藻、綠雞冠藻＝上述各適量〕、鯛魚（肉）適量、紫蘇芽、紫蘇花穗、醋橘各適量、利久調味醬適量

利久調味醬 ……………………………………第92頁

材料（便於製作的分量）／芝麻糊300g、濃味醬油270ml、醋225ml、酒・味醂各90ml、砂糖75g、榨薑汁少量、麻油50ml、炒芝麻・柴魚・昆布各適量

❶濃味醬油、酒和味醂煮沸後，立即加柴魚和昆布，熄火直接放涼，過濾。
❷將①和其他全部材料充分混合。

◉作法
1 將紅葉萵苣、水菜和芥末菜切成易食用的大小。
2 海帶芽、紅、綠雞冠藻泡水回軟。
3 製作鯛魚鬆。鯛魚肉水煮，泡水後包起來，一面用手揉搓，一面泡冷水。瀝除水分後放入鋼盆中，擠入醋橘汁，一面用竹刷翻拌，一面隔水加熱，炒到變乾（若有顆粒，最好過濾）。
4 將1和2盛入容器中，如雪一般撒上3，佐配上**利久調味醬**。

白肉魚七彩沙拉
抹茶調味汁

彩圖在第60頁

◉材料（便於製作的分量）
鯛魚300g、蔬菜〔白蘿蔔、胡蘿蔔、南瓜、紅心白蘿蔔、款冬、櫻桃蘿蔔＝上述各適量〕、豆腐皮、櫻草各適量、抹茶調味汁適量

抹茶調味汁 ……………………………………第93頁

材料（便於製作的分量）／洋蔥調味汁90ml、抹茶粉2g、熱水20ml

❶將洋蔥調味汁的材料（洋蔥泥1又1/2個、中式高湯50g、麻油150ml、檸檬汁150ml、砂糖100g、蜂蜜50ml、鹽10g、鮮味調味料少量、黑芝麻少量、昆布高湯1000ml）充分混合。
❷抹茶粉用熱水溶化，和①的洋蔥調味汁90ml充分混合。

◉作法
1 鯛魚以平作刀法切塊，稍微撒點鹽。
2 白蘿蔔、胡蘿蔔、南瓜、紅芯白蘿蔔去皮，以花瓣形切模割取，切薄片後泡水。
3 款冬用沸水汆燙一下，瀝除水分斜向切薄片，櫻桃蘿蔔橫切。
4 豆腐皮泡水回軟，切花瓣形。
5 在容器中盛入2和3，上面再撒上1和4，淋上**抹茶調味汁**，最後裝飾上櫻草。

山菜沙拉
味噌調味醬

彩圖在第61頁

◉材料（便於製作的分量）

山菜〔遼東楤木（Aralia elata）、款冬、莢果蕨（Matteuccia struthiopteris）、紫萼（Hosta montana）、蕨、筆頭菜、野萱草、山蒜＝以上各1枝〕、食用土當歸少量、海藻絲＊適量、美麗玫瑰（Belle rose；紅）＊適量、味噌調味醬適量

味噌調味醬 ……第93頁

材料（便於製作的分量）／西京味噌200ml、醋・麻油・煮切酒（譯註：經過加熱讓酒精揮發的酒）各100ml、蜂蜜少量、炒芝麻100g

用醋融化西京味噌，和其他材料一起充分混合。

◉作法

1 所有山菜都汆燙去澀味。
2 在容器中放入海藻絲，豎著插入1，散放美麗玫瑰花，佐配**味噌調味汁**。

Memo

•海藻絲／以昆布、海帶芽等海藻製作的低卡路里加工麵。含有豐富的食物纖維。無味無臭，能享受到如粉絲般的滑潤口感。
•美麗玫瑰／小型食用玫瑰花，可用來增添沙拉的色彩、搭配料理或作為蛋糕的裝飾等。

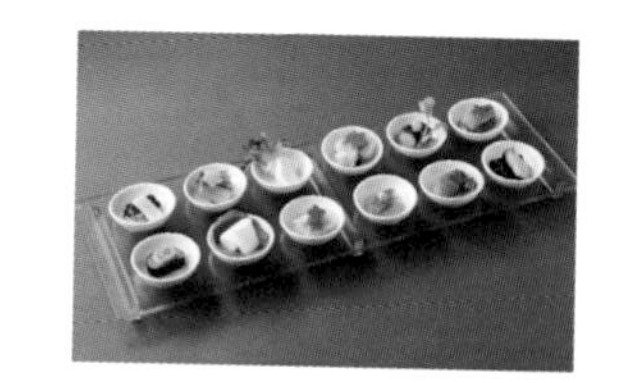

熟成沙拉
羅勒風味橄欖油

彩圖在第62頁

◉材料（便於製作的分量）

醃菜〔鹽漬蕪菁、醃燻蘿蔔、淺漬蕪菁、醃蘿蔔乾、醃白菜昆布、淺漬小黃瓜、紫蘇醃蘘荷、淺漬茄子、甜醋醃薤（藠頭）、醋醃蕪菁、醃芥末菜、奈良醃菜、醃紅蕪菁、醬油醃白蘿蔔＝上述各適量〕、裝飾用蔬菜〔金時胡蘿蔔、姬櫻桃蘿蔔、菊花、辣椒、綜合蔬菜嫩葉、薄豌豆莢、芥末菜花、小黃瓜＝上述各適量〕、加羅勒油的橄欖油＊適量

◉作法

1 醃菜分別切成易食用的大小。
2 金時胡蘿蔔、菊花、薄豌豆莢、芥末菜花用沸水汆燙。金時胡蘿蔔、淺漬蕪菁切薄片，用花形切模割取，甜醋醃薤切薄片、辣椒切小截，小黃瓜切箭羽狀。
3 將1和2如下述般組合。
（1）鹽漬蕪菁的根和葉、（2）醃燻蘿蔔和淺漬蕪菁、（3）醃蘿蔔乾單獨、（4）醃白菜昆布和金時胡蘿蔔、（5）淺漬小黃瓜和姬櫻桃蘿蔔和菊花、（6）紫蘇醃蘘荷和金時胡蘿蔔、（7）淺漬茄子、甜醋醃薤和辣椒、（8）醋醃蕪菁和綜合蔬菜嫩葉、（9）醃芥末菜和金時胡蘿蔔、（10）奈良醃菜和薄豌豆莢、（11）醃紅蕪菁和芥末菜花、（12）醬油醃白蘿蔔和切成箭羽狀的小黃瓜。
4 分別盛入小缽中，淋上加羅勒油的橄欖油。

Memo

•加羅勒油的橄欖油／法國產加羅勒油的橄欖油。也可以在橄欖油中混入1%的羅勒油。

熟成蔬菜沙拉
優格調味醬

彩圖在第63頁

◉材料（便於製作的分量）
醃菜〔鹽漬白菜、糠漬小黃瓜、麴漬白蘿蔔、淺漬茄子＝上述各適量〕、橄欖油適量、優格調味醬適量

優格調味醬 ……………………………………………第93頁

材料（便於製作的分量）／優格（原味）60g、梅肉1大匙、薤5粒、橄欖油120ml

薤切末，和其他全部材料充分混合。

◉作法

1 醃菜切成易食用的大小。這裡是切成細長條。

2 將1盛入容器中，均勻淋上橄欖油，佐配**優格調味醬**。

松前沙拉
大和調味汁

彩圖在第64頁

◉材料（便於製作的分量）
昆布醃菜用蔬菜〔芥末菜花、新牛蒡、葉牛蒡莖、小胡蘿蔔、島胡蘿蔔、豌豆莢、食用土當歸＝上述各適量〕、裝飾用蔬菜〔娃娃芥菜（蕾菜）、櫻桃蘿蔔、食用土當歸的葉片＝上述各適量〕、葉牛蒡的佃煮、昆布各適量、大和調味汁適量

大和調味汁 ……………………………………………第93頁

材料（比例）／大和味噌＊1：加辣椒的橄欖油1

將大和味噌和加辣椒的橄欖油充分混合。

◉作法

1 將新牛蒡、小胡蘿蔔、島胡蘿蔔、食用土當歸分別切成易食用的長條狀。

2 芥末菜花、新牛蒡、葉牛蒡莖和豌豆莢用沸水汆燙。

3 在用酒擦過的昆布上排放上蔬菜，在新牛蒡上再放上佃煮葉牛蒡，蓋上另1片昆布夾住蔬菜，靜置20～30分鐘讓昆布醃漬。

4 上桌時佐配上**大和調味汁**。

用昆布夾住蔬菜，讓鮮味釋入蔬菜中。

Memo

●大和味噌／大和醬油味噌（石川縣金澤市）使用6個月以上熟成的酵素味噌製作。

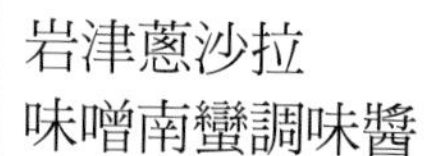

岩津蔥沙拉
味噌南蠻調味醬

彩圖在第65頁

◉材料（便於製作的分量）
岩津蔥＊適量、味噌南蠻調味醬適量

味噌南蠻調味醬 ……………………………………第93頁

材料（便於製作的分量）／青蔥3把、洋蔥1個、鹽7小匙、白味噌50g、淡味醬油100ml、味醂100ml、沙拉油1000ml

❶青蔥切蔥花，洋蔥切末。
❷將①和其他所有材料充分混合。

◉作法
1 岩津蔥洗淨，一半直接水煮，剩餘的用火直接烤，兩者都切成易食用的長度。
2 將1盛入容器中，佐配上**味噌南蠻調味醬**。

Memo

＊岩津蔥／兵庫縣但馬地區特產。是關東的根深蔥（長蔥）和關西的葉蔥的中間種。為當地冬季的珍貴生鮮食品，自江戶時代開始經不斷改良而成。葉尖至白根都很柔軟，整株皆可食用。

花沙拉
櫻花調味汁

彩圖在第66頁

◉材料（便於製作的分量）
食用花、綜合蔬菜嫩葉、小蕪菁各適量、櫻花調味汁適量

櫻花調味汁 ……………………………………第93頁

材料（便於製作的分量）／櫻花（鹽漬）適量、櫻桃5個、沙拉油150ml、淡味醬油・醋各50ml

❶鹽漬櫻花泡水去鹽，只取花瓣。
❷將全部材料混合，放入果汁機充分攪拌。

◉作法
1 小蕪菁去皮，上面附的根清除乾淨。
2 在容器中盛入綜合蔬菜嫩葉和食用花，周圍擺飾上小蕪菁，佐配**櫻花調味汁**。

三種小沙拉

彩圖在第67頁

◉材料（便於製作的分量）

〔蕎麥種子沙拉〕／蕎麥種子30g、秋葵．山藥．滑菇各適量、櫻花（鹽漬）適量、炸蕎麥麵適量、昆布高湯、八方高湯各適量

〔海藻沙拉〕／海藻〔龍鬚菜、白龍鬚菜、紅雞冠藻、海藻珠＊＝上述各適量〕、金山寺味噌調味汁適量

〔豆沙拉〕／豆類〔虎豆、大紅豆、白花豆、紫花豆、小紅豆＝上述各適量〕、土佐醋凍調味汁適量

金山寺味噌調味汁 ……………………………第94頁

材料（便於製作的分量）／金山寺味噌20g、沙拉油150ml、淡味醬油50ml、醋50ml

將全部材料充分混合。

土佐醋凍調味汁 ……………………………第94頁

材料（便於製作的分量）／◇土佐醋凍〔土佐醋＊360ml、高湯180ml、吉利丁片5g〕150ml、沙拉油50ml

❶製作「土佐醋凍」。土佐醋和高湯混合加熱，加入用水泡軟的吉利丁片煮融，放涼。

❷在①的土佐醋凍150ml中加沙拉油混合。

◉作法

〔蕎麥種子沙拉〕

1 蕎麥種子用沸水煮8～10分鐘，用網篩撈起，放入冷水中讓它稍微散熱，用昆布高湯再蒸煮。

2 秋葵以熱水汆燙，過冷水使色澤變鮮麗，放入以鹽調味的昆布高湯中醃漬後，剔除種子，用刀剁碎。

3 山藥去皮，和已去澀味的櫻花一起用刀剁碎。

4 滑菇剔除污物，水煮後用冷水讓它稍微散熱，放入八方高湯中醃漬。

5 在容器中依序放入1、2、3、4，再裝飾上炸好的蕎麥麵。

〔海藻沙拉〕

1 龍鬚菜、白龍鬚菜、紅雞冠藻泡水去鹽切碎。

2 在容器中依序放入1和海藻珠層疊，再淋上**金山寺味噌調味汁**。

〔豆沙拉〕

1 將5種豆分別泡水回軟，再水煮。

2 在容器中盛入1，淋土**佐醋凍調味汁**。

Memo

●海藻珠／和海藻絲（p.130）相同，是以海藻製作的低卡路里、富含食物纖維的加工食品，能享受如珍珠粉圓般的口感。

●土佐醋／在鍋裡放入醋、水各900ml、味醂．酒各360ml、淡味醬油720ml、砂糖350g，開火加熱，煮沸後加入柴魚（適量），熄火，過濾即完成。

炸蔬菜沙拉 豆奶美乃滋調味醬

彩圖在第68頁

◉材料（便於製作的分量）
蔬菜〔紅薯、小蕪菁、牛蒡、島胡蘿蔔、黑皮白蘿蔔、四季豆＝上述各適量〕、炸油適量、手指香檬（finger lime）適量、豆奶美乃滋調味醬適量

豆奶美乃滋調味醬 ……第94頁
材料（便於製作的分量）／豆奶200g、美乃滋36g、白芝麻醬24g、炒芝麻15g、醋5ml、砂糖4g、濃味醬油5ml、七味辣椒適量

豆奶和美乃滋混合，再和其他全部材料充分混合。

◉作法
1 蔬菜切成易食用的大小，油炸。
2 將1盛入容器中，佐配上手指香檬和**豆奶美乃滋調味醬**。

Memo
・手指香檬／顆粒般的口感，又被稱為魚子醬萊姆。也可以擠在蔬菜上，或加入調味汁中。

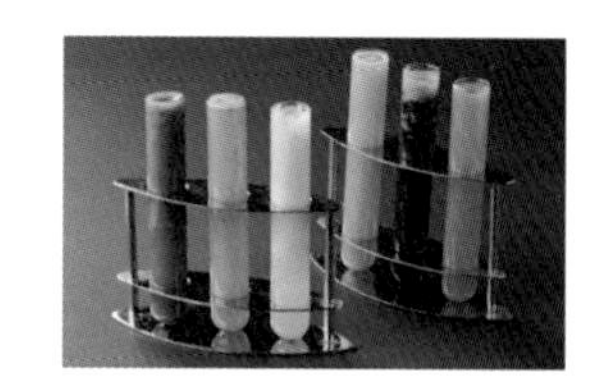

六種蔬菜汁

彩圖在第69頁

◉材料（便於製作的分量）
〔健康蔬菜汁〕
菠菜1/2把、番茄1個、水菜1/2棵、青椒1個、巴西里20g、高麗菜200g、鳳梨1/4個、柳橙汁200ml、蘋果汁1000ml、生薑20g
〔櫻花汁〕
櫻花（鹽漬）50g、蘋果50g、醋15ml、水100ml、蜂蜜適量
〔白蔥汁〕
白蔥80g、白菜50g、水150ml、蜂蜜適量
〔南瓜汁〕
南瓜150g、生薑5g、蘋果汁350ml
〔紫芽汁〕
紫蘇嫩芽15g、青紫蘇葉3片、鳳梨150g、水100ml、蜂蜜適量
〔甜椒汁〕
甜椒（黃）1/2個、胡蘿蔔60g、蘋果汁150ml、生薑2g

◉作法
1〔健康蔬菜汁〕的蔬菜和水果，切成容易用果汁機攪打的大小，生薑磨泥。
2〔櫻花汁〕的鹽漬櫻花泡水去鹽，只使用花瓣。
3〔白蔥汁〕的白蔥用沸水燙熟。
4〔南瓜汁〕的南瓜蒸熟，生薑磨泥。
5〔甜椒汁〕的甜椒烤過後去皮，胡蘿蔔去皮，生薑磨泥。
6 將6種蔬菜汁的材料各別混合，分別用果汁機充分攪打均勻。

春蔬菜沙拉
豆腐美乃滋

彩圖在第70頁

◉材料（便於製作的分量）
蔬菜〔姬櫻桃蘿蔔、小胡蘿蔔、島胡蘿蔔、迷你白蘿蔔、金時胡蘿蔔、竹筍、青芋莖＝上述各適量〕、山菜〔食用土當歸，莢果蕨、蕨、茖蔥（Allium victorialis）＝上述各適量〕、豆腐美乃滋適量

豆腐美乃滋 ……………………………………第94頁
材料（便於製作的分量）／豆腐美乃滋（市售品）15g、橄欖油10ml

將全部材料充分混合。

◉作法
1 小胡蘿蔔、迷你白蘿蔔連葉去皮，島胡蘿蔔切成易食用的棒狀。
2 金時胡蘿蔔用水煮熟，用花形切模切取，切薄片。
3 食用土當歸、莢果蕨用鹽水煮熟，食用土當歸用水沖泡。
4 蕨放入加小蘇打的熱水中去澀味，泡水一晚。
5 竹筍、去皮的青芋莖用水煮去澀味，分別切成易食用的大小。
6 在有深度的容器中放入**豆腐美乃滋**，再插入1、2、3、4、5、姬櫻桃蘿蔔和茖蔥。

海鮮番茄濃湯

彩圖在第71頁

◉材料（便於製作的分量）
蟹（肉）少量、斑節蝦1隻、海扇貝1個、水果番茄2個、胡蘿蔔30g、芹菜15g、洋蔥20g、山蘿蔔少量、淡味醬油・鹽・胡椒各少量

◉作法
1 蟹肉、斑節蝦水煮，海扇貝酒蒸。
2 番茄、胡蘿蔔、洋蔥去皮，芹菜撕除硬筋，用果汁機攪打，加淡味醬油、鹽和胡椒調味。
3 將1盛入容器中，倒入2，再裝飾上山蘿蔔。

葉牛蒡海蜇山蒜沙拉 糟漬起司調味醬

彩圖在第72頁

◉材料（便於製作的分量）

蔬菜〔新牛蒡、葉牛蒡、金時胡蘿蔔、紅蕪菁＝上述各適量〕、山蒜適量、海蜇皮適量、八方高湯、炸油各適量、糟漬起司調味醬適量

糟漬起司調味醬 ……………………………………第94頁

材料（便於製作的分量）／起司（卡門貝爾起司）・白味噌各適量、明太子・橄欖油各適量

❶起司用布包起來，埋入白味噌中醃漬1週。
❷明太子去薄皮，弄散。
❸使用時將①切小丁，和②一起盛入料理中，再淋橄欖油。

◉作法

1 新牛蒡延外環削薄片。皮保留備用。
2 將1以沸水汆燙，切成易食用的長度。
3 將1的皮切細長條，油炸。
4 葉牛蒡的莖，用洗米水約煮10分鐘，放在八方高湯中浸泡60分鐘以上。
5 山蒜用沸水煮一下。
6 海蜇皮泡水去鹽分，以低溫熱水汆燙後切碎。
7 紅蕪菁切薄片。
8 在容器中盛入1、2、3、4、5、6和7，放上**糟漬起司調味醬**的起司和明太子，再淋上橄欖油。

烤蔬菜胡椒木芽沙拉 優格胡麻調味醬

彩圖在第73頁

◉材料（便於製作的分量）

蔬菜〔竹筍、蕪菁、葉洋蔥、白菜、茄子、金時胡蘿蔔、豌豆、大黑鴻禧菇、白蘿蔔＝上述各適量〕、胡椒木芽・炸油各適量、優格胡麻調味醬適量

優格胡麻調味醬 ……………………………………第94頁

材料（便於製作的分量）／優格60g、芝麻糊25g、橄欖油120ml、砂糖10g、鹽少量

將全部材料混合，用果汁機充分攪勻。

◉作法

1 竹筍連皮直接火烤。蕪菁、葉洋蔥，切大塊的白菜也分別燒烤。
2 茄子格紋切花，油炸。
3 金時胡蘿蔔切薄片，用花形切模切割，豌豆、大黑鴻禧菇、白蘿蔔切成易食用的大小，分別用水汆燙。
4 在容器底部放入發熱劑＊，再放上胡椒木芽蓋住發熱劑，接著放入1、2、3，佐配上優格胡麻調味醬。

放上大量胡椒木芽。

Memo

●發熱劑／倒入水會起化學反應產生高溫蒸氣。這道料理的創意，便是利用這蒸氣來加熱料理。胡椒木芽經高溫蒸氣一蒸，具有燻柴的效果，能使蔬菜散發燻製的香味。

蔬菜棒
絹豆腐調味醬

彩圖在第74頁

◉材料（便於製作的分量）
蔬菜〔小黃瓜、芹菜、綠蘆筍、白菜、蛋茄、白蘿蔔、胡蘿蔔＝上述各適量〕、絹豆腐調味醬適量

絹豆腐調味醬 ……第95頁

材料（便於製作的分量）／絹豆腐400g、芝麻糊1小匙、白味噌1大匙、煮切味醂3大匙、淡味醬油1小匙，鹽2小匙、砂糖2小匙、優格（整體量的）20%

❶絹豆腐瀝除水分後過濾。
❷將①和其他所有材料充分混合。

◉作法
1 綠蘆筍去除較硬的部分，水煮一下，其他蔬菜切成棒狀。
2 在容器中放入**絹豆腐調味醬**，將1的蔬菜漂亮盛盤。

釜揚玉筋魚和烤鮭魚
春蔬菜沙拉　豆奶調味醬

彩圖在第75頁

◉材料（便於製作的分量）
玉筋魚（Ammodytes personatus）、魩仔魚、鮭魚各適量、春高麗菜、金時胡蘿蔔各適量、豆奶調味醬適量

豆奶調味醬 ……第95頁

材料（比例）／豆奶調味汁（市售品）1：橄欖油1

在豆奶調味汁中加等量的橄欖油充分混合。

◉作法
1 玉筋魚和魩仔魚分別放入鍋裡水煮。
2 鮭魚日曬後，用火直接烤一下。
3 春高麗菜汆燙一下，金時胡蘿蔔切薄片，用花形切模切取，再汆燙。
4 在容器中鋪上春高麗菜，再盛入1和2，撒上金時胡蘿蔔，佐配**豆奶調味醬**。

烤蔬菜沙拉
佐配岩鹽

彩圖在第76頁

◉材料（1人份）
蕪菁1/2個、萬願寺辣椒（紅、綠）各1條、牛蒡少量、洋蔥（小）1/2個、茄子1/2個、岩鹽＊適量

◉作法
1 蔬菜水洗，蕪菁縱切4等分，萬願寺辣椒保留原狀，洋蔥和茄子縱切一半。
2 在網架上放上1，用火直接燒烤。
3 盛入容器中，佐配岩鹽。

Memo

●岩鹽／使用產於巴里島，富含礦物質的天然鹽。

春蔬菜熱沙拉
鐵火味噌調味汁

彩圖在第77頁

◉材料（便於製作的分量）
蔬菜〔春高麗菜、竹筍、大黑鴻禧菇、金時胡蘿蔔、食用土當歸、白蘿蔔、菊花＝上述各適量〕、生木耳・涼粉各適量、鐵火味噌調味汁適量

鐵火味噌調味汁 …………………………………… 第95頁

材料（便於製作的分量）／鐵火味噌20g、沙拉油50ml、醋15ml

❶將鐵火味噌的材料（八丁味噌300g、味醂90ml、酒300ml、砂糖100g、蛋黃5個、柴魚50g）放入鍋中，約攪拌20分鐘再過濾。
❷將①的鐵火味噌20g和沙拉油、醋一起充分混合。

◉作法
1 蔬菜、生木耳用沸水汆燙一下，瀝除水分。
2 將1的金時胡蘿蔔和白蘿蔔切薄片，用花形切模切取，其他蔬菜也切成易食用的大小。
3 在容器中鋪入春高麗菜，將2和涼粉盛盤＊，佐配**鐵火味噌調味汁**。

Memo

●盛盤／在冬瓜上雕花作為容器，更能增添料理的趣味。

茖蔥和魩仔魚釜揚沙拉
味噌調味汁

彩圖在第78頁

◉材料（便於製作的分量）
茖蔥適量、魩仔魚適量、萵苣適量、櫻花（鹽漬）、天婦羅麵衣、炸油各適量、味噌調味汁（p.130）適量

◉作法
1 茖蔥只有莖的部分沾上天婦羅麵衣，炸一下。
2 魩仔魚放在鍋裡水煮。
3 櫻花以溫水浸泡去鹽，再擠乾。
4 在容器中鋪上萵苣，再放入1、2、3，佐配上**味噌調味汁**。

芥末菜沙拉

彩圖在第79頁

◉材料（便於製作的分量）
芥末菜50g、大蒜（切末）1小匙、魩仔魚15g、麻油2大匙、濃味醬油2小匙、紫蘇花穗適量

◉作法
1 芥末菜洗淨，撕成易食用的大小。
2 在平底鍋中加熱麻油，放入大蒜和魩仔魚炒到變酥脆，加濃味醬油。
3 在容器中盛入1，撒上2，再撒上紫蘇花穗。

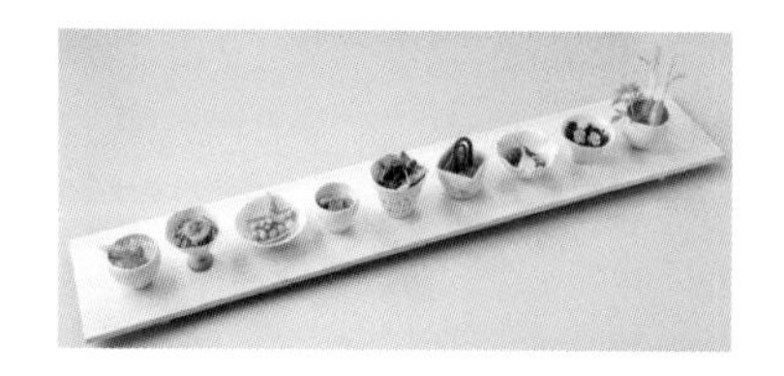

七彩蔬菜
蔥調味汁

彩圖在第80頁

◉材料（便於製作的分量）

蔬菜〔小胡蘿蔔、葉芥菜、小蕪菁、綜合蔬菜嫩葉、牛蒡、紅心白蘿蔔、豌豆莢、櫻桃蘿蔔、南瓜、滑菇、金時胡蘿蔔＝上述各適量〕、山菜〔蕨、遼東楤木、莢果蕨、紫萁＝上述各適量〕、紫蘇嫩芽適量、蕎麥種子適量、三色紫羅蘭、海藻珠（p.133）各適量、蔥調味汁＊適量

◉作法

1 小胡蘿蔔去皮。
2 葉芥菜、削薄片的牛蒡、南瓜、豌豆莢、滑菇、金時胡蘿蔔分別用沸水煮一下。
3 山菜分別用水汆燙去澀味。
4 小蕪菁保留葉子切薄片，紅心白蘿蔔和金時胡蘿蔔用花形切模切取，南瓜切小片後削除稜角，櫻桃蘿蔔切成圓形等，蔬菜分別切花。
5 如下述般組合。
（1）小胡蘿蔔和小胡蘿蔔葉、（2）紫蘇嫩芽和三色紫羅蘭、（3）葉芥菜和小蕪菁、（4）蕨和海藻珠、（5）綜合蔬菜嫩葉和三色紫羅蘭、（6）牛蒡、遼東楤木和紅芯白蘿蔔、（7）豌豆莢、櫻桃蘿蔔和南瓜、（8）滑菇和莢果蕨、（9）蕎麥種子、紫萁和金時胡蘿蔔。
6 分別放入小碗中，淋上蔥調味汁。

Memo

＊蔥調味汁／青蔥3把、洋蔥1個適當切塊、用果汁機攪碎、調味料（鹽7小匙、濃味醬油200ml、薄味醬油100ml、味醂100ml、沙拉油1000ml、醋300ml）一起用果汁機充分混合。

蔬菜涼粉
四種調味汁

彩圖在第81頁

◉材料（便於製作的分量）

蔬菜〔金時胡蘿蔔、綠花椰菜、南瓜、白花椰菜＝上述各適量〕、洋菜適量、高湯適量、四種調味汁（草莓、檸檬、蔬菜、苦橙）適量

四種調味汁

草莓調味汁 ……第95頁

材料（便於製作的分量）／草莓5粒、醋30ml、沙拉油30ml、蜂蜜10ml、鹽・胡椒各少量

將全部材料用果汁機充分混合。

檸檬調味汁 ……第95頁

材料（便於製作的份量）／檸檬汁50ml、沙拉油50ml、鹽3g、蜂蜜10ml、白醬油・黑胡椒各少量、橄欖油2滴

將全部材料充分混合。

蔬菜調味汁 ……第95頁

材料（便於製作的分量）／胡蘿蔔・洋蔥・番茄各1/2個、砂糖20g、鹽1g、淡味醬油・醋各60ml、沙拉油150ml

❶蔬菜去皮，切成容易用果汁機攪打的大小。
❷將全部材料放入果汁機充分混合。

苦橙調味汁 ……第96頁

材料（便於製作的分量）／苦橙汁50ml、沙拉油50ml、鹽3g、蜂蜜10ml、白醬油・黑胡椒各少量、橄欖油2滴

將全部材料充分混合。

◉作法

1 蔬菜切成適當大小煮軟，各用果汁機攪打成糊狀。
2 將1分別用高湯稀釋，加入用水泡軟的洋菜煮融，冰涼使其凝固，製成四種蔬菜涼粉。
3 將2整齊切成長方形，盛入容器中，分別在上面裝飾上汆燙好的小片蔬菜。
4 佐配上分別盛入容器中的莓、檸檬、蔬菜、苦橙**四種調味汁**。

Memo

●料理所附的「天突器」，可將長方形涼粉塊製成涼粉。

豆腐皮大原木捲
陸蓮根調味醬

彩圖在第82頁

◉材料（便於製作的分量）
豆腐皮適量、蔬菜〔綠蘆筍、春高麗菜、食用土當歸、竹筍、金時胡蘿蔔、菊花＝上述各適量〕、食用花適量、陸蓮根調味醬適量

陸蓮根調味醬 ……第96頁

材料（便於製作的分量）／秋葵10根、砂糖20g、鹽1g、淡味醬油60ml、醋60ml、沙拉油150ml

❶秋葵用鹽（分量外）揉搓，水煮後過冷水，用刀剁碎。
❷將全部材料充分混合。

◉作法
1 將綠蘆筍、春高麗菜、竹筍、金時胡蘿蔔、菊花分別水煮，瀝除水分，春高麗菜和竹筍切粗絲，金時胡蘿蔔切薄片，用花形模型切取。
2 豆腐皮鋪在捲簾上，排放3根綠蘆筍，從邊端開始捲包。也分別將春高麗菜、食用土當歸和竹筍捲包成相同的粗細度，再切成易食用的大小。
3 在容器中倒入**陸蓮根調味醬**，盛入2，撒上金時胡蘿蔔和食用花，再將菊花放在最上面擺飾。

Memo
◦陸蓮根／在日本秋葵又稱陸蓮根。其他又有六角豆、羊角豆、毛茄等名稱。

什錦蔬菜沙拉
薄蜜凍

彩圖在第83頁

◉材料（便於製作的分量）
蔬菜〔紅薯、紫芋、蠶豆、小番茄、款冬、百合根＝上述各適量〕、黑豆適量、藍莓、覆盆子各適量、薄荷、金魚草各少量、薄蜜凍適量

薄蜜凍 ……第96頁

材料（便於製作的分量）／水1800ml、砂糖300g、吉利丁片9g

❶在水中放入砂糖煮融。
❷在①中加入泡水回軟的吉利丁片，融化後放涼。

◉作法
1 百合根1片片撕開，成為花瓣百合根。
2 蔬菜切成易食用的大小，和黑豆一起汆燙過，用淡味糖漿（分量外）蒸煮，直接浸泡糖漿放涼。
3 將2盛入容器中，倒入**薄蜜凍**，撒上藍莓、覆盆子、薄荷和金魚草，在容器周圍裝飾上小片蔬菜。

輕食料理系列叢書

排隊店的水果甜點在家做

21X26cm　　96 頁
彩色　　定價 280 元

水果甜點現在正流行！
獨家專業的食譜公開，不必跟著排隊，你也可以享用到頂級的美味！
水果甜點屋的人氣大復甦！難以抵擋的滋味席捲日本。

何謂水果甜點屋？就是水果為主角、主角為水果，與一般咖啡店或是甜點店不同，專為水果量身打造的甜點，從飲品到食品，絲毫不放過，專家大推「水果三明治」更是令人驚豔的美味！

本書分為兩個章節來介紹：Part1 特別從東京、名古屋、大阪、京都、神戶五大都市之中，選出 24 家超人氣水果甜點屋，先介紹人氣招牌甜點，隨著攝影機鏡頭再深入廚房，完全不私藏的美味秘訣，最後製作過程一次呈現，一口氣掌握水果甜點的最新資訊！

Part2 收錄五位知名料理研究家指名一定要介紹的「水果三明治」特輯！不只誠心推薦自己心中的 NO1，更親自上陣，邀請讀者動手做做看！一起進入水果甜點的華麗饗宴！

滿足視覺與味覺的雙重享受，結合食譜與導覽的甜點書籍，幸福即刻上映！